ロシアの眼から見た日本
国防の条件を問いなおす

亀山陽司 Kameyama Youji

はじめに——今こそ「戦争と平和」について考える

私は２００８年６月に初めてロシアを訪問した。それから７年間にわたり、モスクワの日本大使館とサハリンの総領事館で勤務した。そのころ、ロシアはものすごい勢いで変貌していた。サハリンのユジノサハリンスクで２年間勤務した後、再びモスクワに帰っただけで、モスクワの様子は一変したかのような印象を受けたものである。それはユジノサハリンスクも同じだった。新しいマンション群が建ち、ショッピングモールができ、道路まで開通した。２００８〜９年当時のモスクワの街を走っていた車の多くはジグリやラーダといったロシア車だったが、２０１０年には日本車を含む外車が大半を占めていた。それは、当時のロシアが外国資本の投資を一生懸命呼び込んで、ロシア経済を立て直そうと努力したこととの結果である。ロシアは、自動車メーカーの組み立て工場をロシアに作った。その結果、ロシアで組み立てられた海外メーカーの車がロシア市場で容易に手に入るようになったのである。ロシア人の購買意欲も高く、注文に対応しきれず、納車まで数か月待ちだと言ってぼやいていたロシア人の友人もいた。ロシアはプーチン政権の下で、社会的にも経済的にも安定した成長を謳歌（おうか）していた。

ところが、私が帰国した２０１４年にはウクライナで政変が起こり、ロシアによるクリミア「併合」という事態が起こった。それ以来、ロシアはこれまでとは全く違う方向へ舵を切ったかのように見える。何がロシアを変えてしまったのか。いや、本当はそのように問うことは正しくない。ロシアは別に変わってなどいないからである。２０００年のプーチン政権誕生以降、経済協力を軸にした西側諸国との協力関係を大事にしつつ、ロシアは一貫して大国の地位を回復しようとしてきた。２０１４年のウクライナ政変は、くすぶっていたロシアの大国意識に危機感を植えつけ、火種を提供したに過ぎない。

ウクライナ政変以降のロシアの国際社会における行動は、我々日本人の眼には異常に感じられる。プーチン大統領は狂った独裁者であるかのような印象を受ける。アメリカは２０２２年のロシアのウクライナ侵攻当時、ウクライナを軍事的に支援すると同時にロシアに経済制裁を行う一方で、悪いのはプーチン大統領をはじめとする指導者層であり、ロシア国民ではないとの立場を表明していた。にもかかわらず、ロシアにおける世論調査は、プーチン大統領に対して国民の強い支持があることを示している。

我々日本人やEU諸国の市民、米国民には異常に見えるロシアの行動が、ロシア国民にとってはそうではないという事実、これをどう受け止めればよいのだろうか。

しかし、あえて反対に問うてみよう。ロシアの政治指導者層を含むロシア国民から、日本人はどのように見えているのだろう。彼らの眼には我々の方が奇妙で異常な国民のように見えているのかもしれないではないか。

2022年のウクライナ侵攻という世界史的事件は、日本人に大きな問題意識を喚起した。日本は核保有すべき？　世界は19世紀に巻き戻った？　国連は信ずるに足らず？　日本はもはや安全ではない？　自衛能力は十分なのか？　敵基地反撃能力は必要か？

こういった議論が現実のものとしてなされるようになったのは、日本人が自分自身について改めて顧（かえり）みるようになったことが原因である。つまり、我々日本人が「戦争」の能力を放棄しているにもかかわらず、戦争の可能性が現実のものとして認識されつつあるのである。だからこそ、安易に戦争の危機感をあおるのではなく、なりふり構わぬ防衛力強化を唱えるのでもなく、「戦争と平和」について考えていくことが必要なのではないだろうか。

「戦争と平和」というのは、言わずと知れたロシア文学の代表作の題名でもある。作者のトルストイは、ロシア軍がナポレオンのグランダルメ（フランス軍を中核とする多国籍軍）を撃退した対ナポレオン戦争を描いた。ナポレオン戦争当時のロシアは、ヨーロッパ全土を征服しようとしたナポレオンの野望を挫き、ヨーロッパに新たな秩序をもたらした大国であるとみなされていた。しかし、現代のロシアはウクライナに侵攻する「無法国家」のように見なされている。ロシアが「無法国家」かどうかについては本書で考えていきたいが、ともかく、我々の「常識」をはずれた国であることは事実だろう。こうした国を相手にして、どのような対応が可能なのかについて考えておく必要があるのは間違いない。

我々には選択肢がある。軍事力を高め、徴兵制を整備し、来るべきロシアの侵攻に備えるというのも一つ。もちろん、最悪の事態に備えておくことは必要だ。しかし、それが我々のできる最善の策なのだろうか。孫子の兵法には、善の善なるものは、戦わずして勝つことだとある。戦わずして勝つことができれば、確かにこれに勝るものはない。しかし、どのように？　これが問題だ。

戦争における勝敗の判断は、ある意味で多義的で複雑なものである。我が国は第二次世界大戦では確かに敗北し、アメリカ軍の駐留を許している。国連憲章の条文には今でも

「旧敵国条項」が残っている。ロシアにとって日本は、今なお「敗戦国」に他ならないのである。しかし一方で、日本はアメリカとの関係を基礎とした国の再建によって経済発展を遂げ、アメリカの同盟国として自国の国防をより強固なものとし、また、自由民主主義を掲げる国として大きな地位を占めている。戦勝国であったソ連は崩壊し、今やソ連という名の国はどこにも存在しない。長期的に見れば本当に勝ったのはどちらなのだろうか。

ともあれ戦争と平和の問題は複雑である。それはいろいろな考え方や見方、そして事情があるからである。一番危険なのはそのことを理解せず、井の中の蛙（かわず）となってしまうことだ。世界の人々はどのように世界を見ているのか、また、日本が世界からどのように見られているのか。日本はこのままでいいのか。このことを考えるうえで、外部の視点から自らを顧みることは有益であろう。

本書では、こうした問題意識の下、ロシアの世界観から見た日本の姿について考え、同時に、明治以降の日露関係の歴史をふり返ることで、難しい安全保障環境に置かれた現代日本の国防の条件と、将来に向けた展望を考えていきたい。

ロシアの眼から見た日本——国防の条件を問いなおす　目次

第一章　ロシアの眼から見た日本

——主権国家と衛星国家

「私は人間の諸行動を笑わず、嘆かず、呪詛(じゅそ)もせず、ただ理解することにひたすら努めた」

――スピノザ『国家論』

相反する二つの日本観

ロシア滞在中に私が出会った実際のロシア人たちの日本観をいくつか紹介したいと思う。

私がモスクワ大学の近くにある地下鉄駅「ウニヴェルシテート(大学)」に入ろうとしたとき、一人の若い男に呼び止められた。警官のようである。身分証明書を出しなさいという。ロシアではロシア国民も外国人も常に身分証明書を携帯していなければならない。外国人である私であれば、それはパスポートであり、外交官カードである。こうした職務質問には頻繁に遭遇するので、いつものことかと思いながらパスポートを提示した。男はそれを見て私が日本人であると知ると、突然にこやかになり、「あなたは日本人でしたか。サムライの国ですね。私は日本のことを尊敬しています」と言った。

もちろん、私が職務質問を受けた警官の全てがこのような対応をとったわけではない。しかし、この時のことは私の印象に残った。これは、サムライスピリッツ、すなわち武士道精神の国としての日本文化がある種の尊敬をもって受け止められているということを示している。ロシアでは空手や柔道、剣道といった日本武道がそれなりに受け入れられており、街中に道場もある。武道は武士道とつながるものとして、日本の精神文化を象徴するものとなっているのだろう。

また、同じく地下鉄駅の外のベンチに座っていると、見知らぬ年配の男性に話しかけられたことがある。私が日本人であると知ると、「日本は第二次世界大戦で負けたが、日露戦争ではロシアが負けた。日本は強い国だ」というようなことを私に話した。彼が日本について知っていることがそれだけだったのかもしれない。そうだとしても、このことは、ある程度年配のロシア人男性に共通の日本認識を示していると思う。

最後に、やはり道を歩いているときに見知らぬ年配の男性に声をかけられた時のエピソードを紹介したい（こうしてみると、ロシアでは見知らぬ男性に声をかけられることが多いようである。スリや泥棒の可能性もあるので基本的には相手にしない方がよい)。その男性は少し酒に酔っているようだったが、私が日本人だと知ると、「日本はいい国だ。日本車はロシア車と違ってほとんど故障しない。最高だ。高い技術力を持っている。しかし、政治的にはどうかと思う。アメリカは日本に原爆を落とした国だ。アメリカは友好国ではないはずだ。なぜアメリカの同盟国になり、その言いなりになっているのか」と言った。私はこの男性にうまく答えることができなかった。なぜ日本はアメリカと戦争し、原爆を落とされたにもかかわらず、友好国であり同盟国であるのか。日本人には当たり前のことになっていて、日頃突きつめて考えることの少ない問いである。これを説明しようとすれば、日本にとってアメリカ以上にソ連が敵性国家だったからだというのも一つの返答だろう。しかし、本当にそれだけだろうか。この問いは私の心に残った。

このように見てみると、ロシア人には日本に対する二つの相反する見方があることがわかってくる。一つは独自の文化をはぐくんだ尊敬すべき国としての日本のイメージ。この日本はサムライ精神を濃厚に持ち、勇敢にもアメリカと戦って負けた。もう一つは第二次世界大戦の敗戦国としての日本を象徴するイメージ。この日本はアメリカの衛星国となって、「アメリカ帝国主義」の片棒を担いでいる。この二つの日本のイメージこそ、ロシア人にとっての日本のイメージを代表するものだ。戦後日本のイメージとして、ついでにもう一つ、トヨタ、日産、マツダといった自動車会社が象徴するような技術力の国、という、より一般的なイメージもあることも付け加えておきたい。

ロシアは日本をまっすぐに見ているか

いうまでもなく、どちらの日本観も明らかに同じ国を指し示している。どちらもアメリカと戦った国である。ただ、一方は挑戦したことに焦点を当てた見方であり、もう一方はその挑戦に敗れたことに焦点を当てた見方であるというだけだ。

実は、どちらの見方も日本そのものを直視していない。そうではなく、アメリカという媒介変数を通じて日本を見ている。アメリカに挑戦した国としての日本なのか、それともアメリカの言いなりになっている国なのかという違いに過ぎない。そう、**現代のロシアは、日本をアメリカとの関係を通して見ている**のである。それは、ロシアにとってアメリカの存在が非常に大きいからである。

だから、まず我々日本人が肝に銘じるべきは、国際政治の世界においては、誰もありのままの姿を見てくれないのだという事実なのだ。また、同時に誰もありのままの姿を見せようとしてはいない。アメリカの国際政治学者ハンス・モーゲンソーは「生存と力を求めてなされる闘争においては、他人がこちらについて思っていることは、われわれの実際の姿と同じくらい重要となる。本来持っているものよりは、同胞の心に映るイメージの方が、社会の構成員としての我々のありようを決定する」と述べている。

日本が一生懸命に日本文化を紹介したり、日本政府の立場を説明したりしたとしても、「ほう、そうなんですね」と素直に受け取ってくれるわけではない。むしろ日本政府による宣伝、つまりプロパガンダとして受け取られることの方が一般的と言っていい。だからこそ外交官や政治家は、自分たちが伝えたい日本の立場と同時に、他国からどのように見られているのかをしっかりと研究しておく必要がある。友好的なのか、それとも非友好的なのか。日本文化が好感を持って受け入れられているのか、そうでないのか。好感を持って受け入れられているとすれば、どのような点が好まれているのか。俳句なのか、武士道なのか。これは外交官や政治家に限らず、日本の将来を考えている日本国民一人一人にとって大切な姿勢だと思う。

つまり、ここには三重の視線が交差している。一つ目は我々が相手を見る視線。二つ目は、相手が我々を見る視線。最後に、相手が我々をどう見ているのかを見る視線である。

例えば、アメリカの人類学者ルース・ベネディクトによる有名な日本人論、『菊と刀』。これはベネディクトが第二次世界大戦中に戦争情報局でまとめられた報告書をもとに執筆したものである。ベネディクトは「日本人の戦争のやり方そのものを、軍事問題ではなく文化的な問題として取り上げる必要があった」と述べている。アメリカは戦争の最中に敵国日本について、その文化を深層から理解しようと試みたのだ。もし日本人がこの報告書を読んでいれば、敵国であるアメリカが日本をどのように見ていたかがわかっただろう。それが戦争の帰趨に影響したかどうかはわからないが、こうした観点が外交的には非常に重要なのである。

もし、ロシアが日本をまっすぐに見ておらず、つねにアメリカという媒介変数を通じてしか見ていないとすれば、ロシアから見た日本は、我々自身の自己認識とは全く違ったものであることだろう。そのことを理解していなければ、日露関係はすれ違い続けるに違いないのだ。

菊と刀、自動車とスタンダードミサイル

ここで改めてロシアの二つの日本観をまとめておきたい。

最初の日本観は、自立した主権国家としての日本という見方であり、その内容としては、

・独自の文化を持つ武士道精神の国である
・戦前は主権国家として自律的な外交を行っていた
・国益のためであれば、国力で勝る国との戦争も辞さなかった

といった特徴が挙げられる。これは、第二次世界大戦で敗戦国となるまでの日本のイメージである。ここでの国力で勝る国とはもちろんアメリカであるが、そこにはロシアも含まれる。すなわち日露戦争だ。日露戦争についてのロシア人の受け取り方については、後に改めて触れたい。

もう一つの見方は、アメリカに従属する衛星国としての日本観である。その内容は、

・アメリカの文化や価値観に害されてしまった
・アメリカと同盟を結び、対米従属外交を行っている
・「戦力」を放棄し、アメリカ軍を駐留させることで、国防を肩代わりしてもらっている

となっている。言うまでもなく、戦後日本のイメージである。

そしてロシアは、アメリカに従属する国としての日本を対等の相手と見なしていない。それがこの二つの日本観の最も大きな違いである。

かつての日本の敵国民であるアメリカの日本人観は、ベネディクトの著書の題名が示すとおり「菊と刀」であった。つまり、「菊の栽培にあらん限りの工夫を凝らす美的感覚」を持っていると同時に「刀をあがめ武士(もののふ)をうやうやしく扱う風習」を持っている二面性である。このひそみにならって、ロシア人による日本人観を表現するとすれば、戦前の伝統的日本のイメージはまさに「菊と刀」、そして戦後日本のイメージは「自動車とスタンダードミサイル」となろうか。日本人は武士の魂である刀を捨て、アメリカの軍事力の傘の下に隠れているのである。

日露戦争というトラウマ

日本はロシアと何度か戦争している。その最初は1904年の日露戦争である。その後も1918年からのシベリア出兵、1939年のノモンハン事件を含む幾多の満ソ国境紛争、そして1945年8月の太平洋戦争への対日参戦へと至る。戦後も冷戦構造の中で、ソ連が事実上の仮想敵国であったことも考えれば、日本の近現代史においてロシア／ソ連は日本にとってのライバル、競争相手であり続けてきたと言えるだろう。

その中でも日露戦争は、日本が初めてヨーロッパの大国と戦争して勝った出来事として世界的にも大きなニュースになった。戦後の日本では、司馬遼太郎の『坂の上の雲』がブームになり、大山巖満洲軍総司令官、児玉源太郎総参謀長、黒木為楨第一軍司令官、東郷平八郎連合艦隊司令長官をはじめとする多数の軍人が一種の英雄として受け止められている。日露戦争における戦勝は近代日本にとっては歴史上の輝ける栄光だ。しかし、もちろんロシアにとっては苦々しい歴史上の汚点である。

日露戦争でロシアは賠償金こそ支払わなかったが、北緯50度以南の南樺太、南満洲鉄道、旅順・大連を含む遼東半島南部の租借権を日本に譲渡した。また、朝鮮半島は完全に日本の勢力圏に含まれることになった。何よりもヨーロッパ最強の陸軍と恐れられたロシア陸軍が日本陸軍に勝てなかったということが、ロシア帝国の威信を傷つけた。

このロシア人の誇りにつけられた傷跡が今なお完全には癒えていないことを感じさせられた経験がある。私が外務省入省後にモスクワに赴任したばかりの頃、ロシア語の勉強のために、友人であるロシア人学生とロシア史の教科書（ロシアの高校教科書）を講読していたときのこと。ついに時代が日露戦争にさしかかった。私は得々とした気分でいた。何しろ日露戦争は事実上日本の勝利と言ってよいものだ。ロシア史の教科書はこれをどのように書いているのだろうか。教科書は淡々とした記述である。当然と言えば当然のことだ。一緒に講読しているロシア人学生はあまり楽しそうな様子ではない。しかし、教科書は日露戦争の章のまとめとして、日露戦争におけるロシア軍の敗因は、準備不足にあったと締めくくった。これを読んだ学生は嬉々としてこの点を私に指摘し、「ヨウジ、わかった？ロシアが負けたのは、準備が足りなかったからなんだよ」とのたもうたのである。私は苦笑する他なかった。ロシアが負けたのは、単なる準備不足であり、準備さえしっかりしていれば日本軍を降していただろうというわけだ。確かに日本の勝利は危ういものであって、仮に戦争が継続していれば、日本側が不利になっていた可能性は指摘されている。それにしても何という負けず嫌いだろう。

しかし、それもそのはず、これはあのスターリンも共有していた思いなのである。ロシア革命によってロシア帝国を否定する形で誕生したソヴィエト連邦の国家元首が、ロシア帝国時代の屈辱だけは引き継いでいた。スターリンは１９４５年9月2日、対日戦勝を記念した演説で以下のように述べている。

1904年の露日戦争におけるロシア軍の敗北は民衆の意識に重苦しい記憶を残した。敗北は我が国の黒い汚点となった。われらの民衆は、日本が打ち負かされ、汚点が取り除かれる日が来ることを信じて待った。われわれ年配の世代の人々は、40年の間、この日を待った。そしてこの日がやってきたのだ。今日、日本は自らの敗北を認め、無条件降伏文書に署名したのだ。(1945年9月3日付「プラウダ」紙)

スターリンは、日ソ中立条約を一方的に破棄して、敗戦の間際に飛び入り参戦した戦争について、自らの行動を恥じるどころか、40年前の日露戦争の雪辱戦だったと述べて、堂々と正当化している。このスターリン演説はロシアの対日観にとって非常に重要な意味を持ち続けていると私は考えている。

ロシア人は「無法者」か

我々日本人は、太平洋戦争時に日ソ中立条約を破棄して対日参戦してきたソ連について、また現代においてもクリミアを一方的に併合し、隣国ウクライナに突如として武力侵攻したロシアについて、「無法国家」だというレッテルを貼っていないだろうか。そもそも「無法国家」とは何だろうか。

「無法国家」は、字義的には法がない、または法を守らない国ということになるが、ロシアであれ中国であれ、国際社会で一方的な行動をとっていると考えられている国々も、国内法を整備した法治国家という体裁を整えている。実際、ソ連やロシアにおける法律の力は絶大であり、ロシア語で「法執行機関」と呼ばれる警察や治安機関などの行政組織は、頑なまでに法律に則って動いている。ただ、その法律が恣意的に運用されることがしばしばあるだけの話である（それが一番の問題なのだが）。

例えば、多国間の領事機関について定めた「領事関係に関するウィーン条約」というものがある。これによって総領事館の職員は空港の税関検査を基本的に免除されている。しかしある時、日本の総領事館員に対して、荷物検査を執拗に行おうとしてきたとしよう。もちろん、個人的な荷物であり、特に見られて困るものが入っているわけではないが、ウィーン条約に鑑みても、ロシアの税関のこうした行為は日本総領事館員に対する嫌がらせであり、彼らを侮辱するものだと思われても仕方がない。そういう場合、領事館側は文書において税関の行為に対して抗議することになる。これに対して税関側は（税関もロシアの「法執行機関」である）、ウィーン条約の条文に加えて、ロシアの法律の条項を細かく引用して、自分たちの行為が法に基づく正当なものであることを主張するのである。総領事館員の税関検査の免除を定めるウィーン条約第50条3項には、ただし書きとして「輸出入が接受国（この場合はロシア）の法令によって禁止されているか、接受国の検疫法令によって規制されている物品が荷物の中に含まれていると信じる十分な理由がある場合には」検査を行ってよいとあるからである。

このようにロシアという国の行政機関は、日本以上に法律にうるさい反面、その法律を縦横無尽に利用して自分たちのやりたいことをやるところがある。ロシアの政治権力にとって、法律とは、権力の濫用（らんよう）を防ぐためのものではない。むしろ、「法執行機関」が自らの行動を正当化するための「道具」という側面があるのだ。

巧みな理論武装

そしてそれは、国際政治の場においても全く同様である。ロシア外務省は、国際条約の条文に非常に精通している。交渉をしていても、何年に締結された何という条約に、何々と書かれているとか、何年前の交渉の議事録によれば日本側はこう言っている、というようなことを細かく指摘する。要は、理路整然とした口喧嘩が非常に巧みなのだ。

ウクライナ侵攻についても、誰はばかるところなく堂々と正当化の論理を展開している。いわく、ロシアはウクライナ東部地域ドンバスのドネツクとルガンスクの独立を承認し、防衛のための条約を締結した、ウクライナがドンバスを軍事的に脅かしているため軍事介入した、これは国連憲章でも認められている集団的自衛権の行使である。またいわく、ウクライナのＮＡＴＯ加盟は断固阻止されなければならない、なぜならばＮＡＴＯの拡大はロシアの安全保障を害するものだからである。欧州安全保障協力機構（ＯＳＣＥ）の各種宣言（例えば２０１０年12月3日のアスタナ宣言第3条）においては、加盟国は同盟や中立の自由を有するが、一方で、自国の安全保障を強化するために他国の安全保障を犠牲にしないことが謳われている。ウクライナのＮＡＴＯ加盟はロシアの安全保障を犠牲にするものであり認められない、といったものである。ちなみにＯＳＣＥは冷戦時代の１９７０年代に欧州安全保障協力会議（ＣＳＣＥ）として、アメリカを中心とするＮＡＴＯとロシアを中心とするワルシャワ条約機構の間で兵力削減や信頼醸成を目的として立ち上がったもので、アメリカもロシアもウクライナも加盟している。

ロシアの言い分はそれだけ聞けばいちいちもっともで、筋が通っていると感じられる。こういう法的、政治的な理論武装を常に心がけているからこそ、ロシアは国際政治の場で堂々と自らの立場を主張することができるのである。

また、外交の場で出会うロシア人は粗野な無法者というイメージとは正反対の人々である。極めて礼儀正しく、理性的で冷静である。決して声を荒らげて感情的になることはない。失言も少ない。その代表格がプーチン大統領である。彼は酒も飲まず、タバコも吸わない(とされている)。国民や国際社会に対して長々と自分の言葉で演説することができ、記者や国民の質問に対しても冷静、的確に答え、切り返す。この人は洗練されていると人々に感じさせる。日本で報じられる姿は、切り取られた一部分であったり、一面的であったりして、また違う印象を与えるかもしれないが、彼がロシア史の中でも稀有な政治家であることは疑う余地がないだろう。

忍耐強さの源泉

外交交渉の場で出会う典型的なロシア人の姿を描写してみよう。

まず、彼は部屋に入ってきた我々を立って出迎え握手を求める。席についた彼らは椅子の背板にもたれるようなことはしない。両手は軽く組んで机の上にそっと置いている。これが礼儀正しい話の聞き方とされているのだろう。こちらが話すことはちゃんと聞き、話に割り込むようなことはしない。表情はにこやかであるか、または無表情である。概して日本側代表の方がだらしなく座っていることが多いくらいだ（私もそうだった）。逆に不自然に親しく歓待してくれるような場合には、何か魂胆があると考えた方がいいだろう。

これだけを見ても、ロシア人は交渉者として決して油断してはいけない相手であることがわかるのではないだろうか。つまり、相手に隙を見せないことを信条にしているのだ。しっかりと理論武装し、礼儀正しく、そして忍耐強い。こういう相手を前に、自分の主張を通すのは簡単ではない。だからロシアを相手にした交渉は難しいのである。

ちなみに、ロシア人の忍耐強さは教育によって培われたものというよりは、社会生活の中で自然に身についたものと思われる。今はそれほどでもないかもしれないが、私がロシアに行った2000年代にはまだ至るところに行列があった。まず、長距離列車の切符を買うのに長い列に並ぶという洗礼を受けた。役所の窓口にも行列がある。郵便局で荷物を受け取るにも行列。そして私が一番よく並んだのがマクドナルドのレジの行列だ。並んだ行列の先にレジがなかったこともある。そうなると並びなおしである。とにかく忍耐だ。

忍耐しなければ何にもありつけない。そして、黙ってずっと並んで、自分の番が来れば、これは私の権利だと言わんばかりに居座って用を済ますのである。自分のものになったものは決して手放さない、という強い意志のようなものを感じる。

こうした彼らの気質には苦い思い出がある。ロシアに赴任したてのころ、モスクワ大学の近くのマンションの一室を借りていたのだが、別の部屋に引っ越すことを告げたら、家主の女性から最後の月の家賃を払えと言われた。最後の月の家賃は入居時に払っていた敷金を当てるという約束だったと言うと、敷金は部屋を出るときに返却するということだった。しかし、案の定というべきか、部屋を出る日になって、返さないと言い出したのである。約束が違うではないかと食い下がったが、一度渡したお金は絶対に返さない。いくら約束を思い出させようとしてもあれこれ言い立てて全く取り合ってくれない。相手の手に握らせてしまえば、それを取り返すには力ずくで取るしかない状況になった。もちろんそんなことはできない。私はただ、決して物理的に相手に現物を握られるような状況に陥ってはならないのだという教訓のみをかろうじて得た。

ロシア人は「交渉」という名の「ケンカ」が上手である。交渉もケンカも、いざこざを解決するためか、何かを分け合う状況にあるときに使われる手段である。平和的（非暴力的）であるか、暴力的であるかの違いである。交渉は非暴力的な手段であるが、勝つためのやり方はよく似ている。

敵を知るということ

交渉に勝つには、まず相手のことをよく調べなければならない。これは相手の弱点や急所を知るためである。相手の主張、その根拠、背景事情など、情報は多ければ多いほどよい。そこには交渉のスタイル、そして意思決定のスタイルも含まれる。交渉は基本的にチーム戦なので、誰が決定権を持っているのか、誰に発言力があるのか、誰が誰の側近なのか、誰とつながれば相手の中枢に近づけるのか、そういうことを知ることができれば、有利な立場に立てるだろう。もちろんそれを知るには時間がかかるし、手間もかかる。そのために、外交官や外交官のふりをした諜報員がいるのである。

私がモスクワ大学アジア・アフリカ諸国研究所で研修していたとき、長く国連で勤務していたという先生の授業を受けたことがある。周りは全員ロシア人学生である。その先生は、自分が専攻している国における組織の特徴と意思決定のスタイルについて調べてくるように、という宿題を出した。正直なところ、私はこの課題の意味がよく摑（つか）めなかった。

私は自分がどんなことを答えたか覚えていないが、先生はそういうことを聞きたいのではないという顔をして、次に日本専攻のロシアの女学生を指した。彼女は、日本の組織は責任の所在があいまいであり、迅速な意思決定ができない。何かを決めたいと思えば、少しずつ関係者に理解を求めていき、雰囲気を醸成していくことが必要だ。このプロセスを日本語で「根回し」というのである、と述べた。先生はなるほどとうなずいた。私もなるほどとうなずいた。

ロシア、というよりプーチン大統領との関係を異常なまでに大切にした安倍晋三元首相は、ロシアに籠絡（ろうらく）されているのではないかという噂が冗談交じりにささやかれていたことがあった。我が国の外務省よりもロシア大使館の言うことを重視しているようにすら思えたからである。

なぜそのような印象を与えたのだろうか。それはひとえに、駐日ロシア大使が官邸の要路に太いパイプを築いたからである。ご存じのように安倍元首相は側近を大切にしていた。ロシア側はそのことを把握したうえでどのようにかして接近したのであろう。大使が駐在国の政府にパイプを持つのは不思議ではないが、安倍官邸の周りには正体のよくわからないロシア人ビジネスマンもうろうろしていた。官邸主導は大変結構だが、保守的な外務官僚の眼から見ればロシア相手に危なっかしく見えたのも事実だ。

優位に立つ

ロシアはこうして相手のことを知ったうえで、いろいろな角度から攻撃してくる。しかし、最も重要なのは相手よりも優位に立つことだ。交渉の術（すべ）はいろいろとあるが、どんな術もより有利な立場に立つこと以上に有効ではあり得ない。具体的には、欲しいものを物理的に押さえておくことだ。先に押さえてしまってから交渉する。単純なことだが、これが交渉で勝つための最も確実な方法である。

そもそもなぜ交渉が必要なのかと言えば、強制的な執行ができないからである。法があり、裁判権があり、強制執行力があれば、交渉は必要ない。必要なのは決定か判決である。あとは強制するだけだ。しかし、国際政治の世界では法の支配が確立されていない。何かしたければ交渉するしかない。だが交渉はたいがい行き詰まる。

だから始めから押さえてしまえ、というわけだ。後で返すと嘘の約束をして先にお金を押さえる（モスクワで私が最初に借りた部屋の大家）、国内法を根拠に外国企業の活動を停止させる、武力で押さえる（北方領土）。こういう状況をつくれば、相手がこちらにお願いしてくる立場に置かれる。お金を返してくれ、島を返してくれ、魚を獲らせてくれ。あとは相手の要求に対してあれこれと条件を付ければよいのだ。

しかし、元外交官としてひとこと言わせてもらえるならば、初めから優位に立って行う交渉ではなく、要求者の立場に立って何かを勝ち取ることの方が、外交の醍醐味を味わえるというものだ。

例えば、日本政府が支援するある団体（ロシア法人）に対してロシアの税務当局が税の追加徴収を通告してくるとしよう。日本政府が全面的に支援している団体とはいえ、ロシア法人である以上はロシア国内法の管轄下にある。日本側は圧倒的に不利であり、この決定をひっくり返すのは不可能に近い。法的手続きは当然ながらロシア側に有利に進んでいくからである。仮に不服申立てを行って裁判に訴えても事情は同じである。こういう場合にどうするかと言えば、政治的な解決を目指す他ない。政治的解決とは、決定権限を有する機関あるいは発言力のある機関のしかるべき人物に働きかけることで、「超法規的」な解決策を探るということだ。

問題はどこまで求めるかである。もちろん、何もせずに素直に追加徴税に応じる選択肢もあり得る。政治的（外交的）に働きかけるのは相手の恩を受ける可能性もあるため、それなりの政治的（外交的）コストがかかるからである。それでもあえて働きかけるとすれば、どこまで求めるか。

最も有利な解決はもちろん、追加徴税を撤回させることだ。しかしこれは現実的でないし、ロシアの税務当局のメンツをつぶすことになりかねない。そんなことをすれば、将来的にもっと大きなコストを支払うことになる可能性がある。外交的に妥当なラインがどこにあるのかを見極めることが極めて重要となる。この場合であれば、追加徴税を半額にするというのが妥当な線だろう。もちろん、そもそも追加徴税の決定が妥当なのかといった様々な論点があるだろう。様々吟味したうえで、お互いが折れることができないのであれば、痛み分けが最も受け入れやすい解決となる。

難しいのは、相手がどこまでなら受け入れるのかを的確に推測することである。このケースで言えば、ロシア側は圧倒的に有利であり、放っておけばロシア側の主張の通りに追加徴税に応じるしかなくなる。したがってロシアは日本側の働きかけをのらりくらりとかわすこともできるのである。それにもかかわらず、それなりのハイレベルでの話し合いに応じてくれるとするならば、その時点でロシア側としてはすでに配慮を示していることがわかる。つまり、場合によっては日本側に譲歩する用意があるということだ。ここまで読めば、もう答えは見えてくる。あらためて追加徴税撤回を頑なに主張するのは相手側の心を完全に閉ざすであろうし、反対に、もう無理だからと諦めてしまえばそれまでだ。

そういう心理的駆け引きこそが外交交渉の醍醐味だ。ただし、世論に晒され政治的に争点化されてしまえば、もはや駆け引きは不可能である。だから外交の世界で「政治化」というのは、問題を本当に解決したいと考える人からすれば最も忌避すべきものとなる。反対に、問題を解決したくないのであれば（そういうこともしばしばある！）、政治化することが有効となる。世論が好き勝手に議論して収拾がつかない状態にしてくれるからである。

「無法国家」と「主権国家」は同義？

話を少し戻せば、ロシアのように欲しいものをさっさと物理的に押さえてしまうというやり方を、普通我々は「実力行使」という。実力行使をすれば周りからあれこれと非難されることになる。したがって、実力を行使しようとするならば断固とした決意が必要だろうし、文字通りの実力も必要だ。国際政治の場で実力行使はしばしば行われているが、現代において実力行使を行う国はだいたい限られている。アメリカ、中国、そしてロシアである。特にアメリカとロシアは第二次世界大戦後、世界中で武力を含む形で介入を繰り返している。一方、我が国はどうかと言えば、第二次世界大戦まではアジア太平洋地域を舞台に実力行使を辞さない国だったが、敗戦後はそういったことはしていない。もちろん日本にその実力がないからでもある。実力行使は誰にでもできるものではない。

では、実力があればそれを行使する権利があるのだろうか。あるのである。それが「主権国家」ということの意味だからだ。**主権国家とは、原理的にはその上にいかなる存在もない至高の存在である**。具体的に言えば、普遍的権威（例えばローマ教皇）の支配から脱し、その国内で最高の権力を行使できるということだ。

では、その領域外ではどうか。同じような主権国家があるだけである。互いを律するものは互いの合意（条約）だけだ。では合意が有効に機能しなければどうなるのか。実力が行使されることになる。だから、実力のある国は自らに不利な合意、自らの権能を制限するような合意を結ぼうとはしない。一方、実力のない国は自らを制限するような合意であれ、望ましくない合意であれ、半強制的に結ばされることになる。

なんとも暗い世界観であるが、国際政治にそういう側面があることは否定できない現実だ。こういう世界のことを「**アナーキー**」という。唯一の権力の保有者としての「世界政府」が存在しないということだ。それゆえに実効的な法制度もまた存在しない。無法的な世界が広がるのである。

さて、ではアメリカやロシアは「無法国家」なのだろうか、それとも「主権国家」なのだろうか。

この二つの国家観はまったく違うものを指しているようでいて、実はほとんど同じものを表現していることに気づかれただろうか。完全な主権国家とは、自らの望むように行動する完全なる自由を有する。自らが望まない合意には縛られない。このような国家が存在できる条件とは、アナーキーな世界があることである。しかし、アナーキーな世界とは、何者にも縛られない自分勝手な無法者の世界でもあり得る。

強いて言えば、無法者は正義や道義を行動指針として持っていないため、他人の迷惑を一切顧みることがないが、主権者には（人間である以上）正義や道義の感覚がある（はずである）ため、自らの行動をある程度は自制するという違いがある。それゆえに、自制、抑止、道義、正義といったことが、実は国際政治の理論にとっての重要なテーマになるのである。

正義にかなった世界は可能か――ロールズ『万民の法』

このように見ると、主権国家と無法国家との境界は限りなく曖昧だ。しかし、多くのリベラルな政治学者はそのような立場をとっていない。無法国家は無法国家であり、正義にかなったリベラルな国家とは異なるというわけである。

『正義論』で有名なアメリカの政治哲学者であるジョン・ロールズは、『万民の法』なる著書において、正しさと正義の観念を国際社会に拡張することで、「万国民衆の社会（Society of Peoples）」の構想を試みている。その際、ロールズは諸国家をいくつかに分類して議論を進めるが、「秩序だった諸国」（リベラルな諸国や良識ある諸国）と対比して、「無法国家（outlaw state）」を挙げている。ロールズの無法国家の定義は単純で、「道理にかなった万民の法を遵守（じゅんしゅ）するのを拒む」ような国家である。

「万民の法」というのは、（1）各国民衆は自由と独立を有する、（2）条約や協定を遵守する、（3）各国民衆は平等である、（4）不干渉の義務を遵守する、（5）自衛権は有するが自衛以外の理由のために戦争を開始する権利はない、（6）人権を尊重する、（7）戦争の遂行方法に関して一定の制限事項を遵守する、（8）不利な条件の下に暮らす他国の民衆に援助を行う義務を負う、といった基本的な原則からなるという。このような万民の法を無視する無法国家は、戦争により自国の合理的な利益が増大すると見込まれるならば、それだけで戦争をする理由になると考えるというのだ。

しかしご覧の通り、（5）の原則において、自衛戦争の権利は認められている。これにより、無法国家とそうでない国家との境界はまた曖昧となる。というのも、自衛を理由に戦争を行うと主張する国家を、ただちに無法国家とは断定できないからである。

では、これまでの議論を踏まえて「主権国家」とはどのような国だと考えるべきだろうか。それは、自由に実力行使を行える国家である。もちろん、他の主権国家を無視して何でもできるということではない。そんなことをすればただちに戦争が起こってしまうだろう。したがって「自由に」というのもある程度相対的な概念である。そういう意味では現実に存在するいかなる国家も完全な「主権国家」とは言えない。それは「自立した個人」がただ一人で生きていけるわけではないというのに似ている。ただ、その度合いは国によってかなり違う。アメリカ、ロシア、中国などはかなり高いレベルの主権国家だと考えていいだろう。一方で我が国は、良い悪いは別として、その主権性はあまり高くないと言わざるを得ない。

このように、**アナーキーな世界においては、「無法国家」≒「主権国家」という図式が成り立つ**のであり、**「主権国家」**（≒「無法国家」）**であるための資格要件とは、自らの主張を押し通すだけの意志と実力を持っていること**である。これに対して、多くの国は国際政治の場で自らの主張を押し通すなどということは望んでもできない。もちろん、自分の国の存立に関わるような重要な問題については、いかなる国も無関心ではいられない。それにもかかわらず、自らの立場をある程度犠牲にして、大国に従属せざるを得ない国家が多いのだ。

世界は恒常的な「戦争状態」

ロールズのようなリベラルな政治学者が理想とする、「万民の法」が支配するような世界は本当に可能なのだろうか。先に挙げたような「万民の法」の原則は我々から見れば常識的な内容で、実現が困難なものとは思われない。これは国連憲章に掲げられている諸原則にも合致している。つまり、世界中の国が賛成するに違いないような内容に過ぎない。

にもかかわらず、世界に戦争が絶えることはない。その多くにアメリカやロシア、そしてイギリス、フランスといった大国（安保理の常任理事国！）が関与している。90年代以降のみを見ても、湾岸戦争、コソボ紛争におけるＮＡＴＯの空爆（アライド・フォース作戦）、アフガニスタン戦争、イラク戦争、グルジア紛争、シリア内戦、ウクライナ侵攻などがある。いずれもアメリカかロシア、もしくは双方が関与している。残念ながら現実の世界は、「万民の法」が描くような世界とは程遠いと結論せざるを得ない。

では、ロシアやアメリカのような大国は、世界をどのようなものと見ているのだろうか。ロシアやアメリカの世界観は、リベラリストの描く世界というより、むしろリアリストの描く世界に親和性があると思われる。リアリストの描く世界の姿とはどのようなものなのだろうか。

ここでは、リアリズム的世界観の基礎となっている政治思想の古典にあたってみたい。トマス・ホッブズとバルーフ・デ・スピノザである。カール・シュミットについては第四章で触れる。

よく知られているように、17世紀イギリスの政治哲学者トマス・ホッブズは、実効的な政治的権威、例えば国家権力のような主権者がいない状況を「自然状態」と呼び、「自然状態」における人間関係は「万民の万民に対する闘争」であると考えた。というのは、一人一人の人間は自己保存の本能を持ち、そのために行動する権利としての自然権をもっているため、自衛のため（自己の利益のため）であれば他者と交戦することが正当化されるからである。ちなみにロールズは、ホッブズの主著である『リヴァイアサン』について、「英語で書かれた政治思想の、最も偉大なただ一つの著作」と述べている。

しかし、このような状態は人間の生存にとっては不安定な状態だ。こうした不安定な状態から脱出するためには、秩序ある集団をつくり上げる必要がある。この集団の中にあっては、人々は自らの自然権の一部を放棄し、紛争解決の手段としての実力行使を行うことはできない。人々に代わって実力を行使することができるのは、国家（政府）のみである。その代わりに、国家が国民の生存権を保障する。これが「社会契約論」と呼ばれる理論である。この理論は、国家というものの存在を正当化するためのものに他ならない。

トマス・ホッブズ（1588〜1679）

しかし、国内政治と異なり、「政府」を持たない国際政治の場は、国家一つ一つが自衛権をはじめとする主権を保有したままの「自然状態」にある。世界がアナーキーであるというのは、すなわち「**万国の万国に対する闘争**」の世界ということだ。ホッブズは、自然状態はきわめて容易に戦争状態に移行する傾向があり、「自然状態」を本質的に「戦争状態」と見なしていた。ロールズは、「自然状態」は本質的に「戦争状態」であるという見方を「ホッブズの命題」と呼んでいる。これは、戦争が勃発しているということではなく、戦争が勃発する可能性がある世界、競争や闘争が一人一人の正当な権利として留保されている世界である。いつ戦争が起こってもおかしくない状態としての「戦争状態」なのである。つまり、**無政府的な世界は恒常的な戦争状態にある**ということだ。

ここで、「自然状態」としての国際政治の場が事実上の「戦争状態」であるというホッブズの命題を、ロールズの説明に沿って「証明」してみよう。

（a）人間は自己保存と便利な生活への欲求を持っている。一方で人間一人一人は生まれながらにして能力と知力はほとんど平等であるため、自分たちの目的を達成する可能性も平等に持っている。これを期待（希望）の平等という。しかし、生命を維持するための資源や手段は有限であるため、期待の平等は人々を競争状態に置き、互いを潜在的な競争相手（敵）とする。

（b）他者の目的は不明確であり不確かである。また、他者が自分たちに対して同盟する可能性もあるため、全般的な相互不信の状態が生じる。

（c）他者に対する支配権を獲得したいと考える人がいるかもしれないという可能性が

相互不信を増大する。また、「自然状態」においては、いかなる信約も契約も強制できる主権者がいないため、安全は予測に基づく先制攻撃によって最もよく保障されることになる。

(d)こうした先制攻撃の予測が一般的な状態となる。これは、最も都合のよいタイミングで先制攻撃をする準備をしているという状況であり、これは「戦争状態」に他ならない。

この議論のポイントは、**自然状態においては他者の目的や意図が全般的に不確かだということ**である。この「他者の意図の不確実性」こそが、最悪の可能性に備えるのが合理的であることを根拠づける。つまり、他者が何を考えているか完全に理解できない限り、他者が自分を攻撃する可能性はあり続ける。このことは遠くローマ帝国の時代から続くものだ。『ローマ帝国衰亡史』で知られる18世紀イギリスの歴史家エドワード・ギボンは、「ローマは自衛のために古代世界を征服した」と述べている。

第四章で詳しく論じるが、最近では、日本の国家防衛戦略(2022年12月策定)にも同様の推論に基づく認識が示されている。つまり、相手国の意思を外部からは正確に把握することができなければ、脅威が顕在化する素地が常に存在する、ということが防衛上の課題として挙げられているのだ。

「モスクワは涙を信じない」

「他者の意図の不確実性」というのは、国際政治の場ではきわめて厄介なものだ。人間の性悪説に基づく世界観であると言っていい。問題はこれが歴史的に何度も証明されてきたことである。20世紀だけでもそうした例は少なくない。例えば第二次世界大戦においてドイツは独ソ不可侵条約を破ってバルバロッサ作戦を発動し、ソ連を攻撃した。同じく第二次世界大戦の終盤には、今度はソ連が日ソ中立条約を破って終戦間際に対日参戦した。2001年のアメリカ同時多発テロ事件も、人々の予想を上回る最悪のテロ攻撃だったと言えるだろう。そして2022年2月24日、ロシアは隣国ウクライナに軍事侵攻した。

このように、「他者の意図の不確実性」が最悪の事態を想定する必要性を高めてしまうことは歴史的に立証されてきた。こうした他者の意図は時に不合理な判断であることすらある。1941年、日本は長期的には勝ち目がないことを理解していたにもかかわらず、真珠湾を奇襲攻撃してアメリカに戦争を仕掛けたのであった。

こうした歴史から導かれる結論はただ一つ、「決して相手を信じてはならない」ということである。これがホッブズの命題を成立させる、全般的な相互不信の温床となる。

ロシアではよく言われる冗談じみたことわざがある。「信じよ。しかし、その前に確かめよ」。相手の言うことを信じる前にそれが事実なのかをまず確かめよという意味である。要するに相手の言うこと、約束を鵜呑みにするなというわけだ。また、ソ連時代の有名な映画に「モスクワは涙を信じない」という作品がある。仲の良い三人の女性の、三者三様の人生を描いたヒューマンドラマであるが、この映画の題名は、モスクワでは涙を見せたところで誰も同情して助けてくれたりはしないという、ハードボイルドな人生観を表現している。レイモンド・チャンドラーの小説の題名であってもおかしくないタイトルだ。

実はこうした全般的な相互不信を基礎にした社会の構成は、アメリカ社会でも同様である。アメリカは契約社会だとよく言われる。結婚に際しても財産の配分などをあらかじめ決めておくという。生じる可能性のある問題について、あらかじめ約束を形にしておき、将来の不確実性（争いの種）を排除しておくのだ。これも全般的な相互不信を背景とした対処方法だろう。結婚という幸せの最高点においても、最悪の事態を想定しておくように、徹底して安全を求める態度はさすがという他ない。

ホッブズは、正義や信義を守るという人間の徳性に依存した政治を否定した。むしろ人間の根本的な利害関心に根差した制度を構築した方が安全であると考えたのである。これについては、次に述べるスピノザも立場を共有している。

国家間の約束はどこまで有効か——スピノザ『国家論』

スピノザは17世紀オランダの、ホッブズと同時代の哲学者である。神は即ち自然であるという汎神論の思想家として著名であるが、国家や統治の問題についても考えた人であり、『神学政治論』や『国家論』といった著作がある。哲学者としてのスピノザは現代の思想家にも大きな影響を与えており、アルチュセール、ドゥルーズといったフランスの現代思想家の他にも、物理学者のアインシュタインが「スピノザの神を信じる」との言葉を残している。

スピノザは、ある意味でホッブズ的な世界観を共有しているが、さらに徹底したリアリズムを持ち、人間の現実の（すなわち自然な）姿に立脚して国家権力の問題を議論している。スピノザの権力論を見ていくと、まるで現代の国際政治の議論をしているような気がしてくるほど、まったく古びていない。それどころか、ロシアのような国の世界観を知るカギは、スピノザ的世界観にあるとすら言っていい。以下、主としてスピノザの『国家論』を参照しながらロシアの世界観を探ってみたい。

スピノザは言う。政治家たちは、人間のために計るよりはこれを欺くものと思われ、聡明であるよりは狡知である。また言う。愛、憎しみ、怒り、嫉妬、名誉心、同情心、その他の激情といった人間的な感情は不快なものであっても必然的なものであり、人間の本性である。人間は不幸なものを憐れみ、幸福なものを妬むが、同情よりは復讐に傾く。すべての人々は人の上に立とうと欲するがゆえに争いに巻き込まれ、仲間を圧倒しようと努める。そして勝者となる者は自分を益したことよりは他人を害したことを誇るに至る、と。

バルーフ・デ・スピノザ（1632〜1677）

ここまで言われると人間の社会に希望を持てなくなりそうだ。しかしスピノザによれば、人間の信義に基づいてしか機能しない国家は不安定な国家であるという。精神の自由や強さといったものは、個人の徳ではあっても国家の大事ではない。国家の徳はただ安全の中にのみあるというのだ。

スピノザにとっては、人間の信義は強制的に守らせられるという保証があって初めて成立するのであり、法律や執行権力による保証なしに、ただ人間の善意を信じることだけでは、国家の安定をもたらさない。なぜなら、「人間は理性によってよりも盲目的欲望によって導かれることが多」いからである。

スピノザの世界観は、人間も自然の一部であるという徹底した自然主義に基づいている。スピノザにとって、人間の行動は善悪の問題ではなく、単に自然の諸法則や諸規則に従った行動にすぎない。だから、こうあるべきだとかこう行動するのが正しいとか、善悪や真偽といった価値によってではなく、あるがままの「自然」として人間を理解しようと努めている。

スピノザにとって人間の「自然権」とは、「自然力」とも言い換えられる。自然力とは、人間が有する力のことだ。つまり、人間は自分の有する力に応じた権利を有するということになる。より多く力を持つ者はより多く権利を有する。自然状態においては弱肉強食の論理が成立するのである。

このような世界では、約束というものは約束を与えた人の心が変わらない間だけしか有効でない。約束を破る力を持つ者は、利益より損害が多くなると判断すれば、自己の裁量に従って、自然権（自然力）に従ってこれを破棄するという。

これでは、約束というものは全く信じられなくなってしまうだろう。確かに実際の社会で、約束が法的に有効だとみなされる場合には、簡単に反故にすることはできないようになっている。しかし、国際政治においてはどうか。スピノザの言う通りである。約束を破る力を持つ国は、いつまでも約束に縛られたままでいようとはしない。だからほとんどの条約には、有効期限や条約から離脱するための手続きがあらかじめ含まれている。実際にアメリカはソ連が崩壊した後、弾道弾迎撃ミサイル（ABM）条約[*1]や中距離核戦力（INF）全廃条約[*2]といった米露間の戦略的安定の基礎となってきた諸条約から一方的に離脱している。

さらに象徴的なのは、NATO東方拡大をめぐる問題である。1990年2月にドイツ統一に関して行われた、ゴルバチョフ大統領とアメリカのベーカー国務長官との会談で、ベーカー国務長官はドイツ統一に際して、「米軍がNATOの枠内でドイツ駐在を維持することができるのならば、現在のNATO軍事管轄範囲から1インチといえども東方方向へ拡大することはない」との発言を行った。この約束はもちろん文書化されておらず、法的拘束力はないとみなされている。しかし、そもそもスピノザの世界観では法的拘束力云々は自然状態ではあり得ないものである（どんな約束も廃棄され得るため）。スピノザの論理で言えば、ソ連崩壊によりロシアが弱体化したことで、アメリカは約束を破る力を持ったということになる。

また、先に述べた独ソ不可侵条約を破ってソ連に侵攻したナチスドイツ、日ソ中立条約を一方的に無視して対日参戦したソ連もまた、約束を反故にした恰好の例であろう。

秩序の源泉は多数者の圧力

しかし、戦後の国際社会では国際連合をはじめ、核不拡散条約などのいくつもの重要な国際条約に基づいた国際秩序が構成されているはずだという主張もあるだろう。それはそのとおりである。条約のような国際約束は、法的拘束力を持っているといわれる。しかし、それを強制できる単一の「国際政府」は存在しない。だからといって、簡単に約束を破ることもできない。他の国による制裁をはじめ、約束を破ることによる不利益もあるからである。

スピノザは言う。実際には各人は集団の中におり、他者からの圧迫から自分を守ることができる限りでのみ権利を行使できる、と。勝手なことをしていれば、迷惑を被るであろう他の人々から抗議や圧迫を受けるからである。その人がどれだけ力を持つといっても、単独では多数者からの圧迫を防ぐことはできない。だからスピノザはこう結論する。人類に固有なものとしての自然権は、多数の人々の共同の意志に従って生活し得る場合においてのみ与えられる、と。このような**多数者の圧力こそが集団内の秩序の源泉となっている、**というのが『国家論』におけるスピノザの考えである。*3

これを国際政治の場に当てはめても同様のことが言えるだろう。こうした多数国による心理的な圧力、その他の圧力によって、約束に対する信義は半ば強制される。信義の中身が約束は守らなければならないという内的要請であろうと、単に多数国の圧力に抗することができないという理由であろうと、実のところ変わりはない。しかし、多数国の圧力が理由であれば、その圧力を跳ね返すだけの圧倒的な力を持てば、約束を反故にすることも十分あり得るだろう。

人間一人一人の能力は似たり寄ったりで、それほど力の差は生じないため、多数者の圧力を無視できなくなる。ところが国家となれば、国力の差は非常に大きくなり得る。スーパーパワーと呼ばれたアメリカやソ連と、例えばペルーとの国力の差は圧倒的だ。また、

19世紀のヨーロッパにおいてもイギリス、フランス、プロイセン、オーストリア、ロシアは五大国と呼ばれ、その他のヨーロッパ諸国との国力の差は無視できなかった。このような力の差が生じるため、国際社会は無政府的な「自然状態」を脱することが難しい。スピノザのいう自然状態を国際政治の場（複数の国家の集まり）に当てはめると、一つの国家（自然権を持つ人々の集まり）を考えるよりもいっそう約束の信頼性が低い世界となるのだ。

信頼と不信の政治力学

このような世界では、約束を守ることよりも、約束を破ることができる力の獲得の方が優先される。この力とは国家の力、すなわち国力であり、国家の「自然権」というべきものであろう。それは自衛（自己保存）を最も重要な目的とする。

スピノザは、もし二人の人間が力を合わせるなら、単独の場合よりいっそう多くの権利を持つようになるという。国際政治の場においては、これは同盟を意味するだろう。こうして、国家は力を増大させるために同盟するようになる。

同盟というのは通常、軍事上の共通の敵を想定している。つまり、敵方が攻撃してくるかもしれないという恐れを抱き、そういう最悪の場合に備えるためのものである。日米同盟も基本的にソ連を仮想敵国として想定していた。ＮＡＴＯも同様である。

このように、同盟の網によって覆われた国際体制は「同盟体制」と呼べる。同盟体制は、敵方への恐怖と不信に基づく国際体制である。一方、同盟国同士は互いの信頼に頼らざるを得ず、ここには同盟国から裏切られるかもしれないという、もう一つの不信が隠されている。

こうした相互不信に基づく同盟体制に対して、敵対的でない（軍事的でない）共通の目的の下に多数国が集まって、その目的を共同で達成するために結ぶ多国間の国際条約というものがある。それは例えば核不拡散条約や核実験禁止条約、ＷＴＯ協定など、枚挙にいとまがない。これらはすべての締約国が約束を守ることを前提にした体制であり、仮に「信頼体制」と呼ぶことができるだろう。

この二つの体制は全く異なる二つの心理的傾向、すなわち信頼と不信にそれぞれ基づくものであるが、現代の世界はこの両方の体制が重なり合って構成されているものと考えられる。ただし、いかなる信頼もその他多数国の圧力の上に成立していることを忘れてはならない。そして、ロシアやアメリカのような「真の」主権国家は、その強大な力ゆえに多数国の圧力をものともせずに自らの欲するところをなす「権利」を有している。それに対して、戦後、平和国家として再建された日本は、国際協調を旨とする外交政策を一貫して進めてきており、基本的にアメリカに、そしてその他のG7諸国に同調せざるを得ない。それは日本が調和と信義を重んじる国だから、というわけではなく、単に周囲からの圧力をはね返すほどの圧倒的な力を持ち合わせていないからに過ぎない。

国際連合と集団安全保障

国際連合という組織は、集団安全保障を基礎とする国連憲章によって成り立っている。集団安全保障とは、締約国（国連加盟国）の一つまたは複数が他の締約国を侵略した場合に、他の全ての締約国が攻撃した国に対して強制措置を取ることでそれを抑止しようとするものだ。

集団安全保障は、信頼体制と同盟体制（不信の体制）の一種の結合であると言えるだろう。というのは、第一に締約国が侵略行為をすることはないという前提に立ちながらも、いずれかの国が侵略行為に及ぶ可能性がゼロではないと想定した体制だからである。また、集団安全保障が機能するためには、仮に侵略行為が発生した場合にすべての国が共同でその侵略に立ち向かうことが必要である。残りの締約国全部が共同で侵略国に対して行動できるかどうかにすべてがかかっている。ただここでは、単純に信頼できるかどうかというよりも、各国の利害関係や考え方、立場の違いの方が重要になってくる。

例えば、ウクライナに軍事侵攻したロシアに対して、すべての国連加盟国が一致した行動をとることができないのは、加盟各国それぞれに立場と国益があるからである。中国はロシアと対米不安を共有する戦略的パートナーだし、インドは欧米が対露制裁を行う中で、ロシア産原油の輸入量を大幅に増加させている。

「ツキディデスの罠」――防衛力の強化がリスクをもたらす？

「自然状態とは戦争状態である」というホッブズの命題に戻ろう。

これは実効的な主権者（人々にルールや法を強制的に守らせる実力を持つ者。例えば政府など）が不在のために信約が何の役にも立たない世界である。ホッブズによれば、信約を最初に守るものは自分自身を敵に渡すことになる。これを説明するためにロールズは「囚人のジレンマ」を応用する。

囚人のジレンマとは、よく知られているようにゲーム理論における一つの思考実験である。二人の囚人（共犯者）が別々の部屋で取り調べを受けているとしよう。二人は意思疎通ができない。検事は自白を求めるために、それぞれに以下の選択肢を提示する。両方とも自白すれば5年の刑、両方とも自白しなければより軽微な罰になり2年の刑、どちらか一方のみが自白すれば自白した方は釈放されるが、自白しない方は10年の刑となる。

囚人は共犯者がどのような行動を選択するのか知り得ない。つまり、囚人は不確実性の中にいる。この場合、共犯者がどのような行動をとろうと、各囚人にとっての最も合理的な行動は自白することである。というのは、共犯者が自白する場合、こちらが自白しなければ10年の刑となるのに対し、こちらも自白していれば、ともに5年の刑で済む。また、共犯者が自白しない場合、こちらも自白しなければともに2年の刑を受けるが、自白すれば釈放される。つまり、共犯者の行動がわからないのであれば、自白することが「合理的」となるのである。

ロールズはこれを、国際政治における競合する二つの国に応用する。この二国は軍縮協定または軍備解除協定を結んでいる。果たしてこの二国にとって、協定を守ることが合理的なのだろうか。おそらくこの二国にとっての選択肢は以下のようになるだろう。一方が協定を守り、もう一方が協定に違背(いはい)して軍備増強を行うとすれば、いずれ軍備を増強した方にもう一方が従属することになる。ともに協定を守るならば、平和が保たれる。ともに軍備を増強すればいずれ破壊的な戦争が起こる。協定を守ることが最も望ましい選択肢であることは言うまでもないが、相手が確実に信頼できるという保証がない場合、囚人のジレンマと同様に、協定に違背して密かに軍備増強を行うことが「合理的」な選択となる。ここでの「合理的」という意味は、自分の利益が増大する選択肢ということである。

実はこの思考実験は、国際政治理論においては「**安全保障のジレンマ**」、または「**ツキディデスの罠**」という名で知られている。

この思考実験が示すのは、**全般的な相互不信の状況は、「合理的」な行為者にとって、破壊的な戦争を不可避なものとする**ということだ。残念ながら人類の歴史は、このツキディデスの罠から逃れられないことを示している。これは覇権戦争という形で常に繰り返されてきたものだからだ。冷戦時代の米ソは覇権戦争を回避したかのように見えたが、2022年のロシアのウクライナ侵攻は、米露代理戦争の様相を呈している。つまり、いずれ覇権戦争という形で雌雄を決することになる可能性は完全には排除されていないのである。

「合理的」な選択肢としてのウクライナ侵攻

ウクライナ侵攻が発生した状況を整理してみれば、相互不信に基づく安全保障のジレンマが、最も「合理的」な選択肢に不可避的に落ち着いたということがわかる。

２０１４年のウクライナ政変以降、ウクライナ政府は強硬な反露政権となっていた。ロシアはクリミアを一方的に併合し、ウクライナ東部の一部地域では親露派武装勢力による支配が成立して、それを武力で制圧しようとしたウクライナ政府に対抗してロシアが親露派武装勢力を後押ししていた。ここで独仏の仲介努力を得て、ロシアとウクライナ、そして分離派勢力は、停戦合意（ミンスク合意）を締結していた。

さて、ここで双方はなかなか完全な停戦に至ることができなかった。双方が停戦協定を遵守していれば、時間はかかったかもしれないが、何らかの政治的妥協に到達できた可能性はあるだろう。しかし、ウクライナは西側諸国の強い支持と支援を受け、軍事力を増強していた。ＮＡＴＯに加盟することを目標に掲げていた。したがって、もっと時間が稼げれば、軍事的により強力となり、またＮＡＴＯの集団防衛の傘に入って、実力でウクライナの領土を奪還できる可能性があった。これは現状維持（クリミアと東部地域の喪失）よりも望ましい結果である。

一方、ロシアは同様に、ウクライナが停戦協定を遵守せず、いずれ武力解決を決断する可能性があると考えた。そしてＮＡＴＯや欧米諸国の対応（ウクライナへの支援とＮＡＴＯ東方拡大を否定しないこと）は、そうしたロシアの疑いに一層の信憑性を与えることになった。つまりロシアにとって、状況は悪くなる一方と思われたのだ。このまま放置して仮にウクライナのＮＡＴＯ加盟が実現すれば、ウクライナは対露包囲網の前哨基地となり、ロシアはＮＡＴＯ、つまり米国に対してより弱い立場に置かれるだろう。それよりは、一刻も早い段階でウクライナの立場を変更させるために実力を行使した方がよいとロシアは判断したのだ。つまり、ウクライナを中立化（ＮＡＴＯ非加盟）させるということである。

スピノザは、こうしたロシアの行動を肯定するかのようなことを言っている。国家はできるだけ恐怖から自由になり、自己の権利の下に立とうと努めるため、他の国家が一層強力になることを防ごうと努力する。仮にある国家が他国に欺かれたとしても、その国家が責めるべきは相手の不信義ではなく、ただ自己の愚かさである、と。スピノザ的世界観を有するロシアは、アメリカやウクライナに欺かれたと無益な訴えを将来において行うような事態に陥ることのないように、現在において行動したと言える。

もっとも、ソ連時代にクリミアをウクライナに編入し[*4]、ソ連崩壊によりロシアとウクライナが分離され、さらにＮＡＴＯの東方拡大を許し、また、ウクライナを西側陣営に奪われ、その結果としてウクライナ侵攻に及ばなければならないところまで追い込まれた時点で、ロシアはすでに（スピノザによれば）愚かであるのだが。

こうして、この二国は安全保障のジレンマが示す通りに、最悪の状況に引っ張られたのである。もちろん米国が停戦合意の遵守に誘導するような行動、すなわちロシアとの新たな安全保障協定交渉の道をとっていれば、話はまったく違っていた可能性がある。これは当然ウクライナのＮＡＴＯ非加盟を意味するため、ウクライナにとっては望ましくなく、ロシアにとっては望ましい。周知の通り、アメリカがそうした道をとることはなかった。

アメリカはこうした事態を全く予想できなかったのだろうか。そうだとすれば残念である。もし予想していたならば、それは一層残念なことである。ロシアやアメリカが口ではどれだけ平和の理想を提唱していようとも、実際に世界が絶え間なき戦争状態にあるという前提で行動していることを、我々日本人はしっかりと理解しなければならない。

国際秩序は法ではなく権力によって維持されている

ホッブズやスピノザの議論は、国際政治の世界を恒常的に戦争状態にあるものとして描いていた。そして、この世界は相互不信による囚人（安全保障）のジレンマに支配された世界である。このような世界で平和的な秩序を構築することは、果たして可能なのだろうか。

日本政府は、国際問題に関する立場を表明する際に「法の支配に基づく国際秩序」という言葉をよく使う。これは、外務省で多用される定番の概念である。アメリカや欧州諸国、そして日本は、法の支配、自由民主主義、人権の尊重といった「基本的価値」を共有する仲間であると考えられている。逆に言えば、中国やロシア、その他の必ずしも「仲間」とは呼べない国々は、これらの価値観を共有していないと考えられている。この基本的価値とは、ロールズ流の「万民の法」に合致するものと考えて差し支えないだろう。つまり、欧米諸国と日本は、ロールズの言うところの「秩序だった諸国」であるという前提に立っている。

しかし、「秩序だった諸国」と価値観を共有していない国家群が存在する以上、法の支配に基づく秩序は自明のものではない。国際政治の場には、法の支配に基づく秩序は存在しないか、存在するとしても不完全で局所的なものである。いや、法を遵守しない可能性がある国が存在する以上、自分たちだけが誠実に法を遵守することは「自分自身を敵に渡す」行為だろう（ホッブズ）。ここでは法に基づく秩序などは容易に崩壊してしまう。もし、「秩序だった諸国」が法の支配に基づく秩序を前提とした言動をするとすれば、それは単なる理想論か、あるいはレトリックに過ぎない。そして多くの場合、それは仲間ではない国々の言動を非難し、否定するためのレトリックである。

そもそも、秩序とは何だろうか。無秩序な混沌とした状況と対比してみれば、自然と秩序のイメージが湧いてくる。それは優先順位があること、権力の流れ（上下関係）が明確であること、ルールが皆に守られていることなどである。優先順位が明確でなく、上下関係がなく（完全なる水平関係）、しかもルールが守られない状態では、各人が自らの利益を優先して行動することは明らかである。これは「自然状態」そのものだ。つまり、秩序ある状態とは、「自然状態」という全般的相互不信の支配する闘争的状態の否定である。

そう考えると、秩序だった状態を構築するためには、権力の流れを明確にするか、皆がルールを守るような状態を作るかすればよいことがわかる。まさに、これが秩序の二つの様態である。つまり、権力的秩序と法的秩序である。我々が法の支配に基づく秩序というとき、これは法的秩序のことを指している。つまり、皆がルールを守ることによって構築される秩序だった世界である。しかし、今まで見てきたように、本質的に「自然状態」である国際政治の世界を支配しているのは、法ではなく相互不信である。つまり、法的秩序は不可能である。

したがって、**国際秩序とは法的秩序ではなく、まずもって権力的秩序である。**ただし、この権力的秩序は、会社組織や官僚組織、国家組織のように法的に明確化（固定化）された上下関係ではない。そうではなく、力によって強制される秩序である。強いものには逆らえない、長いものには巻かれろというわけだ。

ロシアはそういう世界認識の下で生きている。だから、もし真の主権を維持したいのであれば、力を求めざるを得ない。そして、**力を背景にして秩序を構築すること、これこそがロシアから見た「国際の平和」なのだ**。

ただし権力的秩序は、秩序を構成する権力が弱体化した時点で崩壊する危険性が極めて高い。ソ連を中心とした東側陣営を見てみれば、ソ連が健在だった時期には確かに「平和」であった。つまり、東側陣営において戦争と呼ぶべき紛争は起きていない。しかしこの「平和」は、反乱や反政府勢力が武力や権力の抑圧によって鎮圧されたからであったかもしれない。つまり、恐怖政治や国民の無気力によって実現された「平和」だった、ということだ。スピノザは、このような状態を本当の意味での「平和」とは呼ばない。スピノザにとって、このような状態は「国家」ですらない。それは「荒野」と呼ばれている。

それゆえにこそ、ソ連共産党が力を失うにつれて、東側諸国で民主化が進み、ついにはソ連自体が崩壊したのである。ロシアの内政は混乱し、チェチェン紛争が起こった。それでも東側陣営全体が大混乱に陥らなかったのは、アメリカを中心とした西側陣営の影響力が秩序構成的パワーとして存在したからである。つまり、東側諸国のほとんどは、アメリカを中心とする権力的秩序に組み込まれたのである。

以上のように議論をたどると、権力的秩序は「勢力圏」の概念とよく似ていることに気づく。勢力圏とは、簡単に言えば、ある大国が自国の領域外で政治的、経済的、文化的、軍事的な影響力を及ぼしている範囲のことである。その影響力の強さや影響力の及ぶ分野は多様であり、その意味では曖昧な概念である。例えば、アメリカとＮＡＴＯ諸国との関係や、ソ連と東欧諸国との関係（ワルシャワ条約機構）、現代ではロシアと旧ソ連諸国との関係などが挙げられる。これらは同盟条約に基づく勢力圏の例であるが、明確な同盟条約がなくともある国がもう一方の国に大きな影響を及ぼしている場合もあり得る。

また、大国の勢力圏に置かれている国自身が、そのことを自認しているとは限らない。むしろ勢力圏の本質は、勢力圏を構築できるほどの大国同士が、それぞれの主張する勢力圏の範囲について、互いに了解するところにある。こうした例は、第二次世界大戦までの帝国主義の時代によく見られた。例えば、ペルシアにおける勢力圏をイギリスとロシアが互いに定めることで大国間の衝突を未然に回避するといったものである。ある大国の勢力圏においては、その大国の意向やルールが大きな意味を持っている。

つまり勢力圏とは、突き詰めれば、秩序構成的パワーを中心に構築された権力的秩序が機能している領域、と考えられる。

国家間の社会契約とは「軍事的な同盟条約」である

権力的秩序は一元的ではない。つまり、アメリカだけが秩序を構成できるパワーを有しているわけではない。アメリカは巨大なパワーを有するが、それでもそのパワーは全世界に自らを中心とする一つのシステムを構築するには十分ではない。プーチンのロシアは影響力を増しているし、中国もアメリカに対抗するほどの国力を蓄えつつある。ロシアや中国もそれぞれが秩序構成的パワーであると言ってよいだろう。欧州でもドイツやイギリスの力と影響力を無視できない。中東におけるアメリカの影響力は限定的である。

それゆえに、アメリカはEU諸国や日本と価値観を共有することで、共通の権力的秩序を構築しようとしている。スピノザが自然権を与えるものと考えた多数者の「共同の意志」という概念を用いれば、アメリカやEUが考えているのは、共通の価値観を「共同の意志」として一つの国際秩序を構築することである。これは欧米型の権力的秩序ということができる。

しかし、共通の価値観を「共同の意志」とするこの欧米型の権力的秩序は、実際にはアメリカの圧倒的パワーに依拠したものだ。そして、日本もアメリカのパワーの影響下に置かれている。

つまり、権力的秩序のイメージとは、中心的パワーの重力圏に捕らわれた衛星国から構成される「系」である。このアナロジーでいけば、アメリカはさながら、70以上の衛星を従える太陽系最大の惑星である〝木星〟と言えるだろう。しかし、世界には唯一の権力の根源となり得る至高の支配者としての〝太陽〟は存在しない。

このような権力的秩序において、衛星国は完全な主権国家とは呼べない。

スピノザは言う。他人の力の下にある間は他人の権利の下にあり、反対に自己への加害を自己の考えに従って復讐し得る限りにおいて、また、自己の意向に従って生活し得る限りにおいて、自己の権利の下にある。また国家についても同様で、国家は他の国家からの圧迫に対して自己を守り得る限りにおいて自己の権利の下にあり、他国の力を恐れ、他国の援助なしに自国を維持できないのであれば、それは他国の権利の下にある。アメリカの権力（そして軍事力）の下に置かれた日本は、スピノザに従えば、アメリカの権利（権限）の下にある。一方で、欧米諸国からの経済制裁を受けながら自己の考えに従って行動しているように見えるロシアは、自己の権利の下にある。

このように、自国の権利の下にあることを〝自立した主権国家〟だと言えるとすれば、他国の権利の下にあることは〝衛星国家〟だと言える。

「主権国家」とそれを取り巻くいくつかの「衛星国家」によって構成される権力的秩序は、一種の疑似的な社会契約によって成り立っている。社会契約とは、本来は個人と国家との関係を理解するための議論である。各人が有する自然権を唯一の主権者（国家）に委任することで、その代わりに主権者である国家は国民を保護する義務を負うというものである。

これを国家間の関係に応用するとどうなるだろうか。主権国家と衛星国の間の社会契約は、本来は衛星国も有しているとみなされる主権（特に敵を特定する権利）を、秩序構成的パワーである真の主権国家（通常は地域大国）に委ねる（通常は秩序構成的パワーである大国と同盟関係を結ぶ）という形をとる。つまり**国家間の社会契約とは、主として軍事的な同盟条約なのである。**

もちろん、同盟国同士がほとんど対等の国家であることもあるだろう。その場合には、同盟関係は社会契約的ではない。非社会契約的で対等な同盟関係は不安定である。というのも、どちらも主権国家として行動の自由を持っているため、自国の利益に基づいて約束を破る権利があるからである。19世紀の勢力均衡の時代におけるヨーロッパの大国間の関係はこれである。だから、同盟関係はしばしば柔軟であり、国際的な情勢の変化に伴って変化した。「昨日の敵は今日の友」という世界である。

しかし、同盟国の一方が圧倒的に軍事力で優位に立っている場合には、決定権においても優位に立っていることが多く、こうした関係は社会契約的であると言えよう。つまり、主権国家が衛星国に対して軍事的な保護を与えており、その代わり衛星国は自分だけの判断で何らかの国家を敵国として軍事行動を起こしたりはしないような形だ。

社会契約的な、つまり非対称な同盟関係は比較的安定している。今日の日米関係やNATOにおける米欧関係がその典型的な例である。一方、ソ連を中心とした東側陣営は、先に述べたようにソ連が強国であった時代は比較的安定していたが、ソ連の衰退に伴って分裂していった。

ロシアは日本との対等な友好関係を求めていない

本質的にアナーキーな国際政治の世界では、法的秩序よりも権力的秩序の方が根源的である。

先に、全般的な相互不信に基づく同盟体制と相互の信頼に基づく信頼体制という二つの国際秩序のタイプについて考察したが、三つ目のタイプとして、いくつかの大国が国際政治を主導するというタイプの国際秩序がある。このタイプの国際秩序は「**大国政治**」といわれる。

法的秩序が通用する世界は、唯一の世界秩序が存在しない以上は相互の信頼に基づく国際体制だが、信頼体制は権力的秩序の内側でしか通用しないことが多い。例えば、パクス・ロマーナ、すなわち「ローマの平和」と言われるように、ローマの圧倒的パワーを中心に構成された秩序は、ローマとその属州からなる帝国的な秩序であり、まさに権力的秩序である。そしてこの秩序の中では、一つの帝国として法に基づいて統治されていた。しかしローマの衰亡に伴い、その秩序は崩壊していく。これは法的秩序が権力的秩序によって維持されていたことの、一つの証しである。

ローマ帝国のような「帝国」とは、国家の形態としては、権力的秩序に基づく複数の国家の集団としての超国家である。つまり**帝国とは、秩序構成的パワーとその属国により構成された小世界**と言える。

国家としての帝国でなくとも、現実の国際政治の場における国際秩序は権力的秩序が基礎にあり、多くの場合、大国とその衛星国からなる国家の集団（複数）から構成される。これが大国政治という国際秩序の形態である。この秩序の下では、大国と呼ばれる国家だけが真の主権国家であり、これら大国同士が国際政治を行う。その他の小国は、名目的な主権国家ではあるかもしれないが、実質的にはいずれかの大国の庇護のもとにある衛星国であり、国際政治の場での発言力は持たないか、持っていても大国と比べて非常に小さい。こうした世界では、いくつかの緩やかな「帝国」による秩序が競合している状態と言ってよいだろう。

自由民主主義の眼鏡を通して見た世界は、国連総会に代表されるような一国一票の民主的世界かもしれない。しかし、その眼鏡を外してみれば、世界は大国とその衛星国、及びその他の小国からなる大国政治の世界なのだ。実際には、その国連にしてからが、安全保障理事会常任理事国である五大国に特権的立場を与えた大国政治の支配する場である。アメリカの国際政治学者ハンス・モーゲンソーは、「国連は大国の国際統治である」と断じている。

アメリカを中心的パワーとした秩序、ロシアを中心的パワーとした秩序、そして中国を中心的パワーとした秩序（現時点ではあまり範囲が明確でないが）があり、イギリスとフランスが十分大きなパワーとしてアメリカとともに欧米的秩序を構成している。国連はこれらの秩序に支えられた国際組織であり、その他多くの中小国をどの秩序に取り込むかを争う政治の場なのである。

日本はもちろん、アメリカを中心的パワーとした秩序に取り込まれている。それゆえに、ロシアから見れば日本は自らの秩序には属さない異質の国家であり、可能であればいずれロシアの衛星国にしたいと考えている。ここで注意してもらいたいのは、ロシアは日本と対等な友好関係を結びたいと考えているのではないということだ。**日本は、真の主権国家ではない以上、ロシアと対等ではあり得ない。**これがロシアの見る現在の（戦後の）日本の姿である。

プーチン大統領は、2020年に発表した論文「第二次世界大戦75周年の本当の教訓」により、世界に対して自らの構想する世界秩序についての考えを示している。それによれば、国連安保理常任理事国である五大国が互いの立場を調整するメカニズムが国連であり、こうした国連を中心とする国際秩序を維持することこそが戦勝国の責務だというのである。日本はもちろん国連安保理常任理事国ではない。ロシアからすれば、日本には五大国による国際統治に対等な主権国家として参画する資格はないのだ。

ロシアは「帝国」になることを求めているのか

では、ロシアは自らが中心的パワーとなる「帝国」となることを志向しているのか。プーチン大統領は、ソ連の崩壊を「20世紀最大の地政学的悲劇」と呼んだことがあり、それをもって、ロシアはソ連帝国の復活を目指しているのだと言われることがある。ウクライナ侵攻も帝国の復活を求めるロシアの野望の現れだ、と言われた。

しかし、権力的秩序がすべて帝国的秩序となるとは限らない。権力的秩序はすでに述べたように、主権国家としての大国とその衛星国との間の社会契約的な関係からなる秩序である。つまり、大国と衛星国の間にはれっきとした国境線が引かれており、その秩序は軍事・外交面での依存関係を基礎としている。つまり、国内法への干渉は不可欠の要素ではない。

ただし、政治思想が一致していなければ権力的秩序自体が機能しないため、実際には国内の政治体制も類似することが求められることがある。冷戦時代における東側陣営は基本的に社会主義体制であることが、時に強制的に求められた。現代世界における欧米の権力的秩序においては、自由民主主義が共通の政治思想、基本的な価値として求められる。アフガニスタンやイラクのような国でも戦後は自由民主主義の政治体制が立てられた。ただし自由・民主主義体制は、アフガニスタンでは失敗し、2021年にはタリバンが復活し、イラクでも成功しているとは言いがたい状況である。

帝国とは、権力的秩序に参加している国々を一つの国家として包摂したものである。したがって、帝国は必然的に多民族国家となり、民族の違いを超越した普遍的な価値観や思想が不可欠である。ソ連はまさに民族的対立は解消されたという建前の下で打ち立てられた国家である。

しかし、現代ロシアはむしろロシア性を中心に置いた国家観を打ち出している。ロシア語やロシア文化を重視し、他国に居住するロシア語話者を「我々の人々」と呼んで保護する義務を引き受けているのだ。ドンバスのロシア語話者を中心とした分離派勢力を支援したことは、そうした思想の顕著な現れである。つまり、**ロシアは多民族国家であるが、ロシアの中心的民族はロシア民族、中心的文化はロシア文化である**と考えている。そして、ロシア性をこそ国家の統合原理としている。

それは普遍を追求したソ連的な国家原理が失敗したことを反面教師に、プーチン政権が自覚的に作り上げた新たな国家原理に他ならない。それは、ロシア民族を中心的民族とした国民国家（national state, nation-state）としてのロシアの建国である。プーチンのロシアは、普遍性の上に建てられた帝国よりも、伝統的アイデンティティの上に建てられた国民国家の方が望ましいと考えている。そしてこれまでのところ、その政策は成功しているように思われる。プーチンのロシアは、20年あまりの間に安定と繁栄を確立し、軍事的にも復活したからである。

第二章　揺籃（ようらん）の日露関係——対立から同盟へ

「今日の外交の要務は、自尊自重、何人をも侮らず、何人をも怖れず、相互に尊敬を尽くして、文明強国の仲間入りをすることであります」

——陸奥宗光の条約励行案反対演説〔明治26年〕

第一章では、ロシアの日本観を手がかりにして、国際政治の場における主権国家とはどういうものかを見てきた。この第二章と続く第三章では、**主権国家が地政学的な国際政治のシステムの中でどのように行動し得るのか**という問題を考えてみたい。

参照するのは明治期以降の日本である。というのは、明治期の日本外交史は、鎖国によって国際政治から隔絶されていた国家である日本が、開国によって国際政治の世界に投げ込まれて、列強に認められる主権国家になろうと模索していく過程であるからだ。その過程で、ロシアとの関係が非常に重要な役割を果たしている。

読者諸氏のロシアについての印象はどのようなものだろうか。どちらかと言うとネガティブな印象が多いのではないだろうか。2022年のウクライナ侵攻以降は特にそうだろう。そういったネガティブな印象が多いことは驚くにはあたらない。実は、ロシアは出会ったそもそもの初めから近代日本にとっての仮想敵国だったからである。その時代は長く続き、日露戦争、シベリア出兵、満ソ国境紛争、第二次世界大戦、そして冷戦と、日露関係は戦争と対立の歴史だったと言っても過言ではない。

しかし、そんな宿命的な対立関係の中でも、友好的な「戦略的パートナー」、さらには軍事同盟関係と言える時期があったと言えば驚くだろうか。日露戦争後、1907年から1916年にかけて、四度の日露協約が締結された時期である。1917年にロシア革命が起きたためその良好な関係は長くは続かなかったが、もしもロシア革命がなかったら日露関係はどうなっていたのだろうかと考えてしまう。

明治日本と主権国家の問題

ともあれ明治政府が成立したとき、日本はまだ近代国家としては完全に固まっていなかった。それも当然のことで、徳川家が治める幕藩体制は身分制社会を基盤としており、鎖国完成後も200年あまり続いていたのである。欧米流の近代国家への脱皮を図るのは一朝一夕でできる事業ではない。

明治政府は近代国家の体制を整備しつつ、なおかつ列強に伍することのできる近代国家になるという困難な課題を急いで実現しなければならなかった。ことに問題だったのが、列強と平等な関係が結べるかという点であった。よく知られているように、関税自主権を奪われ、領事裁判権を諸外国に認めた不平等条約を結ばされた日本は、一人前の国家と認められていなかったからである。つまり、欧米諸国と同等の権利を有する主権国家として見られていなかったのだ。日本は不平等条約の改正のために、国際法の主体となり得る資格が要求された。この資格は「文明国標準」といわれるが、つまりは欧米の価値観に準拠した法制度の整備が求められたのである。

明治日本が文明開化と言い、岩倉具視（いわくらともみ）を代表とする岩倉使節団の訪欧・訪米によって、欧米の文物を摂取しようとしたのは、ひとえに主権国家として認知されることで保護国や植民地の扱いを受けることを避けるためだった。ただ欧米文化に憧れたという話ではなかった。

19世紀の欧米列強は帝国主義の時代であり、世界各地に植民地を経営していた。つまり、主権国家や勢力均衡といった概念は、欧州国際政治の中でだけ通用するものであって、アフリカ、中東、アジアといった他地域には関係のないものだった。だからこそ、欧米列強は他地域の民族や国家を植民地化することを正当化できたのである。このような世界で、果たして日本は主権国家として認められるのか、それとも欧米列強の植民地にされてしまうのか。これが明治政府の根本的な問題意識であり、適切な問題意識となっていた。

当時の日本で欧米の国際政治の価値観に適応しなければならないという危機意識は、なぜ広く分け持たれたのだろうか。政治思想家の丸山眞男(まるやままさお)は、明治維新期における攘夷(じょうい)論の変質と、国際的環境への適合には、国際社会についての認識の問題があると考えた。

丸山によれば、19世紀のヨーロッパ国際社会には、列強同士が勢力均衡で対峙しつつ武装平和を保っていると同時に、諸国家の上に平等に制約する規範(国際法)があり、戦争時においても戦時国際法として妥当しているというように、「権力政治」と「法の支配」という二元構造があった。そして、幕末や明治維新期の日本は、そうした二元構造を比較的よく認識できたことが、清国や朝鮮とは異なっていたという。なぜ日本は長きにわたり鎖国状態にあったにもかかわらず、こうした外的世界の認識を受容できたのか。丸山はその理由を、戦国時代の大名分国制を固定化して自らの制度とした徳川幕藩体制にみる。各藩が独自の武装権と行政権を持ち、互いに鋭い警戒網を張りめぐらせながら、対等な資格で交渉し、産業、教育、武術に自藩の名声を競い合う状況を世界に拡大すれば、主権国家が競争する国際社会の事態に近いイメージが得られるというのである。

他方、清国はどうかといえば、普遍的な世界帝国の建前の上に立ち、その頂から膨大な版図の周辺にある東夷・南蛮・北狄・西戎といった朝貢国家群を傲然と俯瞰していた。こうした清国官僚よりも日本の方が欧州の国際政治の観念にはるかに容易に適応できたというわけだ。

ただし丸山は、権力政治と法の支配という二元構造を「バランスを失わずにとらえる見方は、今日のわが国でさえ、必ずしも十分に定着しているとはいえない」と指摘している。これは21世紀の現代日本においてもまだ当てはまる鋭い指摘ではないかと思われる。現代でも国際政治学者の中西輝政が、「日本の心」は国際政治や外交と矛盾するもので、日本人は国際政治に向かない、と指摘している。

天皇を控訴したイギリス

日本が不平等条約を最初に改正できたのは、日清戦争直前の１８９４年、イギリスとの日英通商航海条約であった。実は不平等条約の改正に最も強硬に抵抗していたのはイギリスなのである。後に日英同盟を締結して日本の同盟国となる国だが、この時点でイギリスは極東で圧倒的な力と影響力を有しており、日本を主権国家として遇していなかった。それを物語る事件として、ノルマントン号事件（１８８６年）と千島艦事件（１８９２年）がある。

ノルマントン号事件は、イギリスの貨物船であったノルマントン号が紀州大島沖で沈没し、日本人乗客22人が全員死亡した事件である。イギリス人水夫は助かったのに、日本人の乗客及びインド人・中国人水夫は助けてもらえなかった。この事件に関して、イギリス領事は当初海事審判所で船長に無罪を言い渡した（後に有罪）。

千島艦事件とは、水雷砲艦千島が瀬戸内海でイギリスのピーアンドオー社の汽船と衝突して沈没した事件である。日本政府は損害賠償を求めて提訴したが、イギリス側は逆に日本に責任があるとして天皇を控訴。これを受けイギリス高裁は瀬戸内海を「公海」と認め、天皇に責任ありと判決している。

この二つの事件は日本人の国民感情を大いに傷つけたが、日本政府はどうすることもできなかった。こうした事態を受けて、日本にとって不平等条約を改正すること、そのために列強に主権国家と認められる国となることが最大の課題だったことがわかる。特に千島艦事件以後、世論は対外強硬で沸騰した。その当時の日本の国力でイギリスと対立するのは危険であり、戦争にでもなろうものなら清国の二の舞となる。その時、日本にとってはタイミングよく朝鮮で農民反乱（「東学党の乱」）が起こったため、世論は朝鮮出兵に方向転換した。日清戦争の始まりである。そうした中で、日本政府はイギリスに領事裁判権の廃止を認めさせることに成功するのである。実に危うい綱渡りのような国家運営だ。しかし、とにもかくにも、これで日本は主権国家への道を一歩進んだ。ちなみに関税自主権が最初に回復されるのは、さらに先、１９１１年の日米新通商航海条約においてである。

樺太はなぜ放棄されたか

では、ロシアとの関係はどうだったのか。日本にとっての安全保障上の最大の課題は北の国境の安定だった。樺太問題である。１８５５年の日露通好条約においては、千島方面では択捉(えとろふ)島の北に国境線を引くことで合意できたが、樺太をどうするかでは合意できず、結局「日露共有の地」とされた。つまり、日本の北には明確な国境線がない部分があり、そうしたグレーゾーンからロシアが浸透してくる可能性があったわけだ。大久保利通(おおくぼとしみち)は、征韓論に反対する七か条の意見書の第五条で、日本は国際関係では最もロシアを警戒せねばならないのに、いま朝鮮と戦争するのはロシアに漁夫の利をあたえるのみであると主張している。

問題は樺太だけの話ではなかった。北海道でさえ、まだ日本政府による統治の基盤が完全に整っていたわけではなかったからである。明治政府はロシアとの交渉で仮に樺太を取れればラッキーだが、樺太にこだわって国境を不明確なままにすることでロシアによる浸透の可能性を残すよりは、樺太を放棄して北海道の安全を確保するほうが重要であると認識していた。残念ながら、こうしたバランス感覚はその後の日本から徐々に失われていくのだが。

1870年に北海道開拓使次官と樺太政務を兼任した黒田清隆（その後、第二代総理大臣）は、北海道の開拓に専念すべきだとして、樺太の放棄を献策する。1872年には外務卿の副島種臣（そえじまたねおみ）がロシアの駐日代理公使ビューツォフと樺太問題の協議を行うが、ロシア側は樺太の分割も売却も拒絶したため、日本政府は樺太をロシアに譲渡する方向で代償条件の交渉に移った。しかし征韓論の決裂で副島が下野したため、交渉は中断してしまった。

最終的に樺太問題は1875年のサンクトペテルブルク条約（樺太千島交換条約）によって解決された。調印したのは特命全権公使としてその前年にロシアに派遣されていた旧幕

臣の榎本武揚である。この条約で樺太放棄の代償として日本に提供されたのは、ウルップ島以北の千島列島であった。この樺太千島交換条約は、当時の日本政府にとっては大きな（ただし、やむを得ない）譲歩であったと考えられるが、今日の観点から見れば、千島列島を押さえることでロシアを北西太平洋から切り離すという戦略上の意義が強調されることがある。ただ、当時の日本政府がそうした高度な戦略上の深慮から樺太千島の交換を行ったとまでは言えまい。むしろ、国境の安全を確保することこそが目指されていたと考えるべきだろう。

政治的・外交的決定とは、その時々の国際情勢や国内情勢の制約の下で可能な最善策を探すことである。そうした内外の制約条件を無視した最善策などというのは単なる妄想に過ぎない。日清戦争前の時期に明治政府を揺るがしていた対外強硬派の主張は日本の国力を無視したものであり、場合によっては国家を危険にさらすものであった。

1875年の条約によって定められた日露の領土。濃い部分が日本領ただし、明治政府が不平等条約の改正で迷走していたことは事実であり、当時、外務大臣として井上馨（いのうえかおる）や大隈重信（おおくましげのぶ）が進めていた条約案は、実際には完全な主権回復となっておらず、外国人の領事裁判権に関して外国人の判事を任命することを盛り込んでいたため、国民や政治家の強い反感を買ったという側面もあった。その意味では、硬化した世論が明治政府への圧力となって、緊張感のある国家運営を強いたとも言えるだろう。

成功した樺太千島交換条約をめぐる交渉

ここで、樺太千島交換条約の交渉経緯について少し考えてみたい。これは領土交渉そのものであり、戦後の日ソ交渉と比すべき交渉である。

榎本武揚は交渉の全権として派遣されるにあたり、ウルップ島からカムチャッカ半島に連なる千島列島を、樺太の代地として受け取るべしとの訓令を携えていた。すなわち、交渉の当初から樺太放棄の方針は定まっており、あとは千島列島を代償として受け取れるかどうかが交渉の眼目であった。

実は1873年、すなわち榎本全権の派遣の前年、岩倉使節団がサンクトペテルブルクに到着した時、ロシア政府は千島全島を日本のものとし、樺太をロシアのものとすること

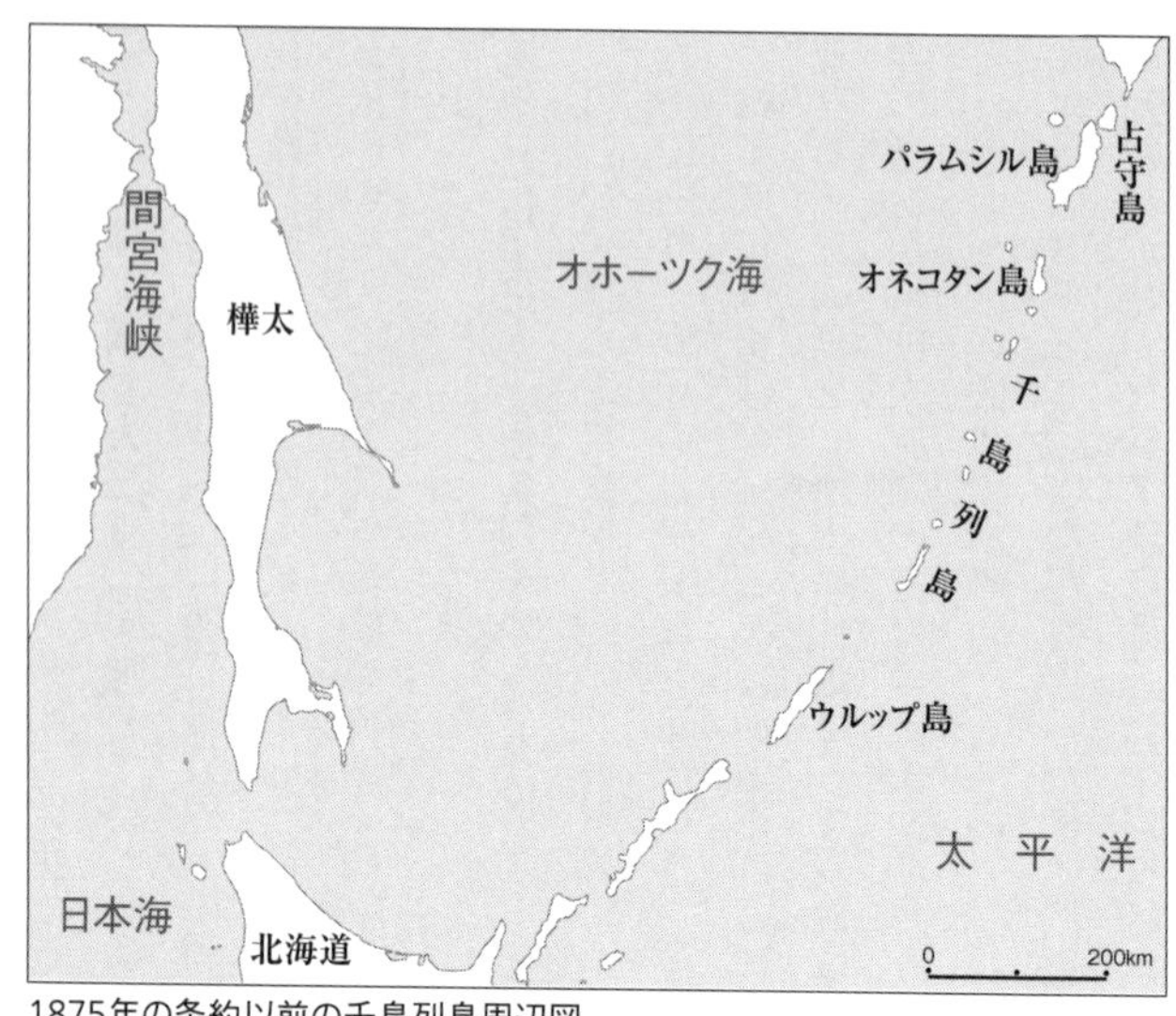

1875年の条約以前の千島列島周辺図

を岩倉に提案したとの説が、ロシア駐在アメリカ公使により本国に報告されていた。これが事実であれば、日本側はすでにロシア側の提案の内容を知っていたことになる。

一方、榎本の実際の交渉においては、当初ロシア側は千島全島ではなく、ウルップ島からオネコタン島までを引き渡すことを提案していた。オネコタン島のさらに北には、パラムシル島と占守島（しゅむしゅ）がある。ロシア側はパラムシル島とオネコタン島の間の海峡をロシアの艦船が通航していることを理由に挙げて、千島全島を譲ることには懸念を示したのである。最終的に千島全島の引き渡しで合意することになるが、ロシア国内ではオホーツク海に閉じ込められたとの印象が広がり、艦船の太平洋への出入り口がふさがれたという不安につながった。

以上の経緯を見れば、日本側はロシア側が最も欲しているのは樺太全島であると理解し、そこでは妥協する覚悟をもって、さらに先方が最終的に千島全島を譲渡する用意があることを事前に察知していたことが、交渉の成功につながったと言える。また、国内政治の中でも樺太放棄論である程度議論がまとまっていたことが非常に大きい。

一方、それから約80年後、日ソの平和条約締結交渉はどうだったろうか。こちらも交渉は困難を極めた。ソ連側からは色丹（しこたん）、歯舞（はぼまい）の二島引き渡し（１８８ページに関連地図）という譲歩を引き出すのが限界だった。また交渉とはいえ、日本側からは代償として提供するものもなかった。それも当然の話であり、これはソ連が占領してしまった領土を返還せよと主張するものだったからである。こういった交渉事というのは、通常は取引であって、双方にメリットがなければ、合意に至るのは不可能に近い。

「利益線」と「主権線」

明治以後の日本が目指した国家とは、富国強兵、殖産興業によって、安全保障を確立し、主権国家として自立することであった。しかしそのプロセスは、極東に利権を持っている列強との外交摩擦や衝突の可能性をはらんでいた。それらの列強とは、まずは中国におい て絶大な影響力を有していたイギリスであり、その他にフランスやドイツ、そして満洲方面から南下を狙うロシアがいた。また、アメリカもやがて中国への進出を目指し、中国における機会均等を主張するようになった。1899年の米国国務長官ジョン・ヘイによる門戸開放宣言である。以後、アメリカは満洲などにおける市場への参入に取り組み始める。

そうした中で、戦前日本の一貫した外交戦略は、山県有朋（やまがたありとも）の「利益線」に代表されるような、まずは朝鮮における日本の利権の保護であった。

山県有朋は、1890年に初めて開会された国会の、首相としての施政方針演説の中で「国家独立自営の道は、一に主権線を守り、二に利益線を保護するにあり」と述べた。ここで主権線というのは国境線のことであり、利益線というのは主権線の安全に密接に結びついた地域、すなわち朝鮮のことである。1888年、山県は「軍事意見書」を記し、その中で、シベリア鉄道建設を計画していたロシアは、竣工（しゅんこう）の暁（あかつき）にはいずれ不凍港を求めて朝鮮半島を侵略しにくるとの認識を示している。

樺太千島交換条約で北の国境線を画定した日本は、今度は朝鮮半島という日本の「利益線」においてロシアの侵略に危機感を募らせていた。

極東の「地政空間」

以上のような日本の周囲の状況を、地政学や国際政治の観点から俯瞰してみるとどうなるだろうか。主権国家としていまだ完全には認められていない日本の周囲には、最後の帝国主義の舞台となった極東において、すでに欧米列強が権益を求めて相克する国際政治の世界が形成されつつあった。そもそも日本が開国したのは、そういう国際環境の中で欧米諸国が日本に開国を迫ったためである。

ここで「**地政空間**」という概念を導入しよう。これは、主権国家が国際政治のシステムでどういう関係を構築するのかを考える際の一つのモデルである。このモデルに従えば、明治以後の近代日本は、極東の地政空間において自立したアクター（勢力争いに参加する主権国家）となるべく努め、やがて覇権を確立することを目指し、そして失敗したと整理できる。

地政空間とは、大国同士の勢力争いが行われている地域を、ある程度独立した地域と見なし、それぞれの地理的空間に特徴的な要素を見やすくすることを目的とする便宜的概念である。地政空間は特定の地域に永続的に固定されるものではない。そうではなく、地政空間を構成する要素がなくなれば、地政空間は消滅すると考えなければならない。一度消えた地政空間が同じ地域に新たな形で生成されることもあり得る。その意味で、地政空間は流動的だが、歴史的に見れば同じ地理的空間で繰り返し形成される傾向がある。

地政空間を特徴づける主な条件は以下の六つである。

①勢力争い（覇権争い）のシアター（舞台）としての地理的空間がある
②勢力争いに参加するアクター（主権国家）があり、それは権力的秩序を構成する潜在力のある大国である
③勢力争いが生じる原因となる係争対象（利権、国益）がある
④地政空間が勢力争いの舞台として存在する期間は、協商などの合意によって、勢力圏が決定されて安定した均衡が達成されるか、または一国の覇権が成立することによって安定が実現されるまでの期間である
⑤地政空間は、勢力争いの形態によって、多極、二極、一極といった構造を有する
⑥以上の条件から、地政空間では、法的秩序や権力的秩序といった国際秩序が確立され

ていない状態である

地政空間の概念を導入することで、通常世界レベルで議論される国際政治や国際関係の理論を、局所的に適用して考えることができるという利点がある。大国による国際政治は世界中で連動しているわけだが、ある地理的空間においてほとんど利害関係を有さない大国もあれば、核心的利益を有すると考えている大国もある。したがって、世界大（グローバル）に国際政治を考察するよりも、勢力争いに参加しているアクター間の力関係を特定の地域ごとに分析する方が有益な場合がある。

　地政空間においては、アクターである国家の間に勢力の均衡か、覇権の確立が追求されている。そして、これらのアクターの国益が衝突する場所が地政空間と呼ばれるのである。拙書『地政学と歴史で読み解くロシアの行動原理』では、ロシアが参加する地政空間であるバルト海、東欧平原、黒海について分析した。本書では極東の地政空間が分析の対象となる。

　地政空間のシアターは、自力で外圧をはね返すことができないがゆえに、ある種の真空状態のように、アクターとなる諸国家を吸い込んでしまう地域である。地政空間におけるアクターは、地政空間における勢力境界を争う力を有する、互いに力が拮抗している地域大国でなければならない。言い換えれば、地政空間のアクターとは、地政空間において（自国の権利を）「主張できる主権国家」である。地域大国が接し、勢力境界を争うことになる境界の空間に形成されるのが地政空間なのである。

明治期の極東には、まさに地政空間が形成されていた。主たるアクターは、イギリス、フランス、ドイツ、ロシアである。やがてアメリカも門戸開放宣言をしてアクターとなる。門戸開放・機会均等と言えば聞こえはいいが、要するに遅れてきたアメリカにも中国で利益にあずからせろ、ということである。

では日本はどうだろうか。不平等条約を結ばされ、列強の半植民地化の餌食となる可能性もあった日本は、地域大国とは言えず、主権国家とも言えなかった。つまりアクターではあり得なかった。極東地政空間の主なシアターは中国であった。日本は地政空間のアクターとして、列強と利権を分かち合う立場に立つことを目指していたのである。そして、そのための足掛かりとなるのが朝鮮であった。

つまり、朝鮮半島はまさに「利益線」であった。もし朝鮮がロシアの影響下に入ってしまえば、日本は中国に進出できなくなり、場合によっては日本自身がシアターと化してしまう、つまり列強の餌食とされてしまう恐れもあったのである。

それを避けるためには二つの選択肢があった。いずれかのアクターに従属するか、または自らがアクターになるかである。

朝鮮は大国に従属し、その力を借りることで日本の干渉から自らを守ろうとした。すなわち、まずは宗主国であった清国に頼り、日清戦争で清が敗北して以後は、ロシアに接近して日本の影響力を削ごうとした。これもまた自らの場所を地政空間の中に確保するための一つの手段だろう。

しかし、明治日本は後者の道を選んだ。**富国強兵政策は、自らがアクターになることを強烈に志向した国家戦略であった。**

なぜ日本はロシアと有効な合意を結べなかったのか

こうして近代日本の歩みを地政空間という枠組みを通して概観すると、一つの大きな流れが見えてくる。

日本が開国した時期は、まさに極東において、列強をアクターとした地政空間が形成され始めた時期であった。それまで極東は華夷秩序（中華思想に基づいて形成された対外関係。後述）と日本の鎖国によって安定していた。英仏などの欧州列強が力を背景にして実力で清国の利権を求めたことから、日本は覇権争いの舞台になるかもしれないという危機意識の下で自己変革を始めた。それが明治維新である。これは、自立した主権国家としてあり続けるため、そして列強に伍することのできる国家となることを目的とした動きだった。結果だけを見れば、日本は日清戦争、日露戦争という二つの大戦において勝利をおさめ、列強に数えられる国家になるという目標を達成した。

しかし、日本は当初から極東の覇権を目指していたわけではない。日露戦争に勝利するまでは、満洲に対する野心はなかった。少なくとも日本政府にとっては、日清から日露という二つの戦争は、直線的に想定された拡張政策ではなかった。そもそも日露戦争も朝鮮を清や列強の支配下に置かないようにしておくことが目的だったのである。**朝鮮を日本の防波堤、すなわち緩衝地帯とすること**、これが明治日本の安全保障戦略の根幹にあった。

しかし、日清戦争後の三国干渉や、義和団事件に対する列強の干渉、特にロシアの満洲への干渉が強化されることに伴い、日本の朝鮮への干渉、進出の意図も明確になっていった。山県有朋や伊藤博文、陸奥宗光（むつむねみつ）といった政治のリーダーたちは、ロシアとの対決を避けるために多大な苦心と外交努力を重ねたが、ロシアとの間で有効な合意を結ぶことはできなかった。なぜならロシアには、日本の朝鮮における利権を認め、協調するという考えはなかったからである。

国際秩序は権力的秩序が基盤となっている。権力的秩序は、ある地政空間において一つのアクターが覇権を打ち立てた状態と考えることができる。もちろん世界にはいくつかの主要な地政空間がある。20世紀の半ばまでは欧州自体が一つの地政空間であった。二度の世界大戦は、勃興するドイツ帝国が欧州に覇を唱えようとしたのを、英、仏、露が阻止しようとしたことによって発生した。欧州に覇権を握る国家を成立させないことが伝統的なイギリスの外交政策であり、そのためにイギリスは地政空間のバランサーとして、アクター国家間の均衡を維持することに努めてきた。欧州の覇権を目指したのはドイツが初めてではない。フランス革命後のナポレオンもそうだった。それも英国が組織した対フランス大同盟によって挫かれた。

つまり、イギリスの国際秩序観とは大国間の均衡であって、一国の覇権ではなかった。この二つの秩序観は国際政治における反対概念である。二者択一であり、双方並び立つことはない。均衡とは、一国の覇権を否定するところに生じる秩序である。ただし、秩序とはいうものの、覇権的秩序から見れば、無秩序に他ならない。なぜならば、いつでも脆(もろ)く崩れ去る可能性のあるバランス〈均衡〉の上にかろうじて成立しているものだからである。つまり、不安定なのだ。

一方、ロシアの国際秩序観は、より覇権主義的である。少なくとも、地域において覇権的秩序を打ち立てることを志向してきた。ただ、イギリス、フランス、ドイツといった大国を切り従えて世界に覇権を打ち立てようとまでの考えは持ち合わせていなかった。その意味では、その覇権主義は限定的、地域的であったと言える。ロシアを取り巻く地政空間〈バルト海、黒海、東欧平原、東方〈中央アジア、極東〉〉において覇権的地位を確立すること、それがロシアの国防の理念である。本書の対象となっている極東もまた、ロシアがアクターとして参加する周辺地政空間の一つなのだ。だからこそ、朝鮮における日本の利権を認める考えはなかったのである。

大きくぶれた日本の国際秩序観

日本はどうか。すでに述べたように、我が国は朝鮮を他国の支配下に置かないことで安全保障を確保しようとしていたのであり、これは極東に進出する欧州列強との間の均衡政策であった。日清戦争後まではその方針は大きくは変わっていない。ロシアやイギリスと

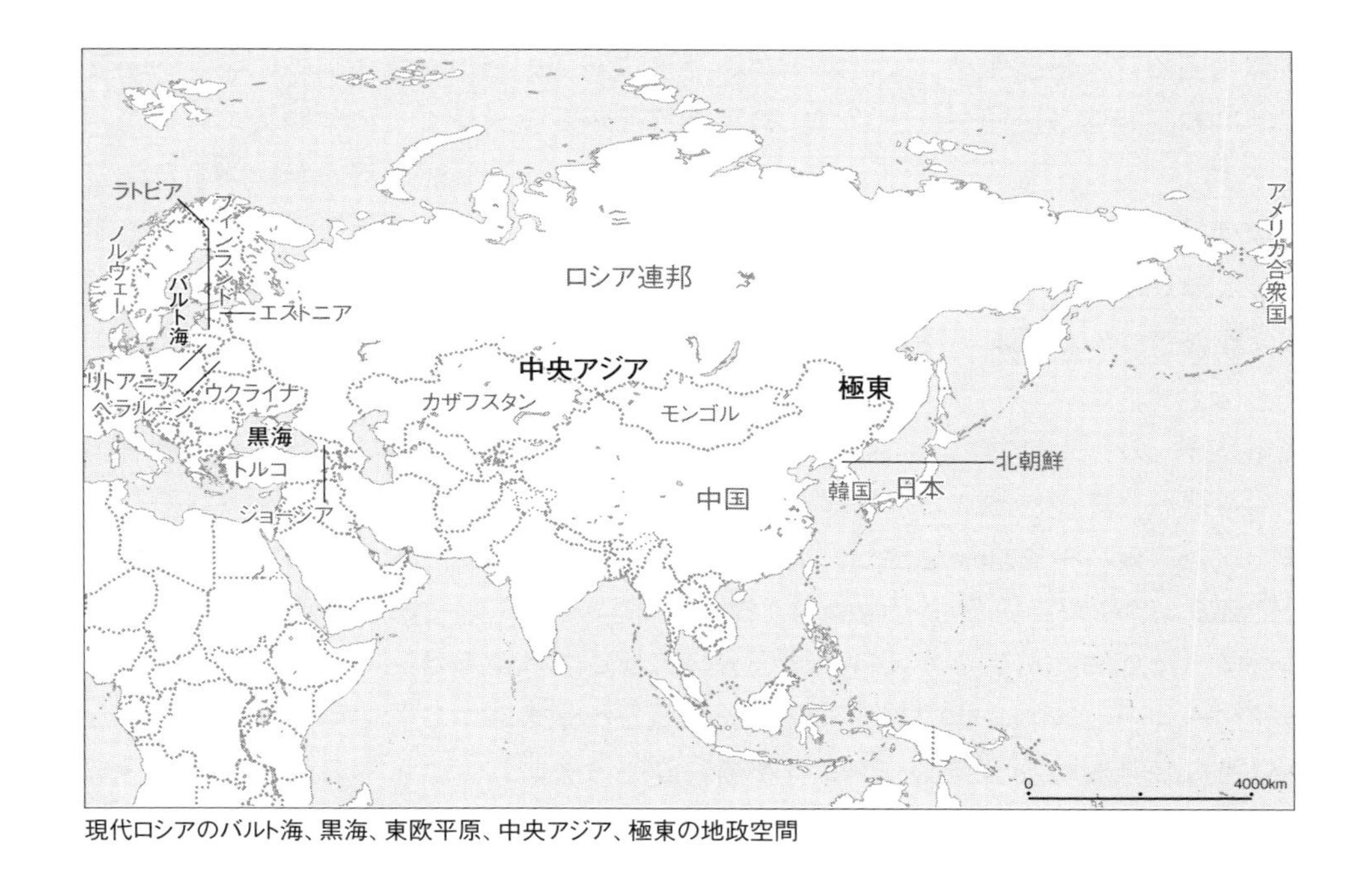

現代ロシアのバルト海、黒海、東欧平原、中央アジア、極東の地政空間

いった列強との間で勢力圏を分け合い、お互いの利益線を尊重しようというのである。伝統的な均衡主義のイギリスは日本の立場に理解を示し、画期的な日英同盟に結びつく。

しかし、1905年の日露戦争での勝利は「国民」に自信を与え、1917年のロシア革命によるロシア帝国の崩壊で、ついに日本の野心に火がついてしまった。日本はロシアに代わって満洲の覇権を目指すようになった。1931年の満洲事変後の満洲国建国は、やがて1937年の日中戦争につながり、極東全土の覇権を目指すことになる。満洲事変の首謀者である希代の戦略家・石原莞爾（いしはらかんじ）は最終戦争論という考えを持っており、いずれは日本とアメリカが、極東のみならず、世界の覇権をめぐって戦うとした。その予言のとおり、日本は日米戦争に突入して敗戦するのである。

このように、**日本の国際秩序観は大きくぶれてしまった**。英国のように均衡を絶対的な方針としたバランスの取れた柔軟な外交を継続して行うことができなかった。日英同盟を結んで、ロシアの覇権を阻止したままではよかったが、今度はその空白において自らが覇権国となろうと考えてしまったのである。

日本は日露戦争後、ロシア革命までの期間に、ロシアと事実上の同盟関係にあったことがある。詳しくは後述するが、四度にわたる日露協約だ。日露協約とは韓国、満洲、そしてモンゴルにおける日露の勢力圏を定めることで、双方の勢力の境界を明確にし、境界の安定を図るものだった。

日露戦争後、日本は韓国を段階的に併合していくわけだが、一方でロシアからの反発を懸念していた。韓国を併合することで、大日本帝国の国境は大きくロシアに接近していく。これは18世紀以降、ロシアとドイツがポーランドを分割して占領することで互いに国境を接することになったのと同じような構図である。その結果が独露の衝突につながっていくわけだ。直接に国境を接するのではなく、緩衝地帯があれば、不安定化するリスクは避けられないとしても、大国の直接対決のリスクをコントロールできる可能性は高まるだろう。その意味で日露協約は、日本とロシア双方にとって重要な協定だった。領土ではなく勢力圏として分割することで、満洲を緩衝地帯化することができたからである。

しかし、この同盟関係は長くは続かない。ロシア革命の勃発により、ロシア帝国が崩壊してしまったからである。新たな国家ソヴィエト連邦は日本との同盟関係を継続しなかった。もし帝国が持続し、日露協約が生きていれば、極東の政治力学は全く違ったものとなっただろう。

辛亥（しんがい）革命で１９１２年に清帝国が崩壊、続く１９１７年にロシア帝国が崩壊することに

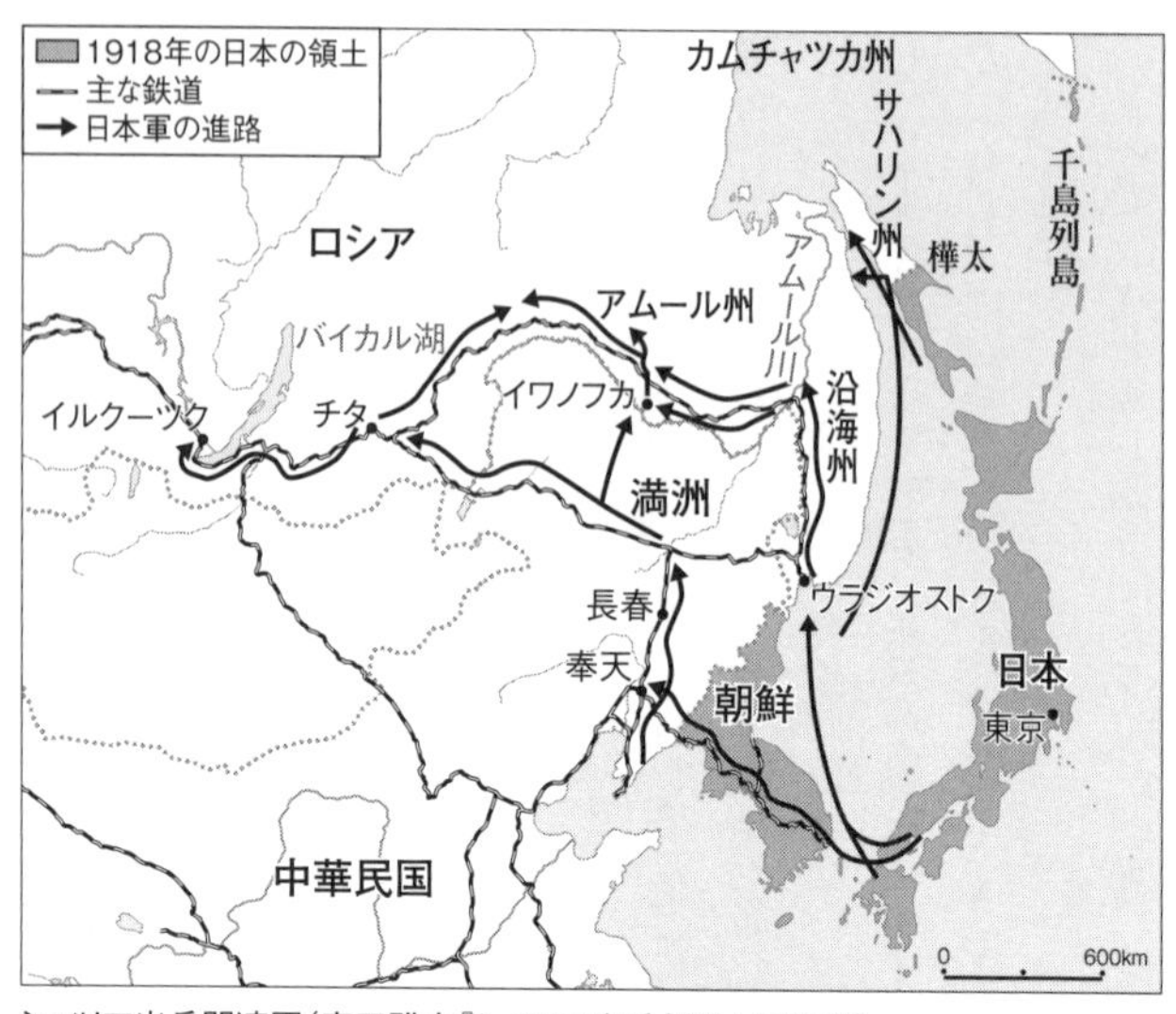

シベリア出兵関連図(麻田雅文『シベリア出兵』をもとに作成)

よって、日本はぽっかりと開いた満洲以北の力の空白地帯に引き寄せられていく。それは1918年のシベリア出兵にまで発展した。日本は満洲を遠く越えてアムール川をさかのぼりながら、バイカル湖のほとりのイルクーツクにまで西進。さらに北に向かっては樺太の北半分をも占領してしまう。当初はアメリカの要望を受けて共同出兵という形をとって出兵したが、当初の目的を果たして列強が撤兵した後も兵の駐留を継続し、列強とソ連の大きな不信を買うことになった。シベリア出兵は日本の覇権主義的な志向を内外に示すものとなったのである。

近代日本外交の始点

話を日清戦争に戻したい。というのも、この時期の日本の国際秩序観、すなわち均衡による安全保障を形成していく過程は、近代日本外交の始点として極めて重要だからである。

1894年、日本は「利益線」たる朝鮮において農民反乱（東学党の乱）が起こったことを奇貨として朝鮮に派兵することを決定した。朝鮮を清国の支配下から脱させるためである。

日清戦争は近代日本にとって初めての本格的な外国との戦争であったが、この時に問題となったのは、朝鮮と清国との関係であった。清国は朝鮮との間に宗属関係があると主張した。つまり朝鮮は清国の属国だから手出しをするなということである。一方の日本は、朝鮮は独立国であるとの立場をとっていた。日清戦争当時の外相であった陸奥宗光は、この宗属関係が国際法上どのように整理されるべきかを、イギリスのエジプトに対する支配を参考に研究していた。

1882年、トルコの一部とみなされていたエジプトに対して、イギリスは軍事行動を行い、以後イギリスは事実上エジプトを支配した。この時、イギリスは「戦争」ではなく

「軍事行動」と称していた。なぜなら、エジプトの宗主国であるトルコとの関係が良好であったからだというのである。そして陸奥は、属国のような半独立国には、自らの意志で宗主国の法を受け入れている国（主権国）、強制されて属国となっている国（非主権国）、主権を宗主国と分け合っている国（共同主権国）の三種類があるという学説を考究している。

陸奥はこうした国際法上の問題を研究しながら、朝鮮を清国の一部ではない独立国と見なし、日本による介入を正当化しようとした。一方、当の朝鮮は日本が介入してくるのを防ごうと、清国政府のみならずロシアやアメリカに解決を依頼している。特にロシアは朝鮮政府と関係を築いており、また朝鮮南部の港湾を獲得するという野心があったため、日清両軍の撤兵を強く勧告してきた。日本はこれらの列強の仲介をすべて拒否した。こうした朝鮮政府の対応を見ていると、当時の朝鮮は自立した主権国家とは言いがたい状態だったことがわかる。

すなわち日清戦争とは、新興国である日本が清国の属国であった朝鮮への影響を拡大することで、清国の極東における覇権に挑戦したものであったと言える。

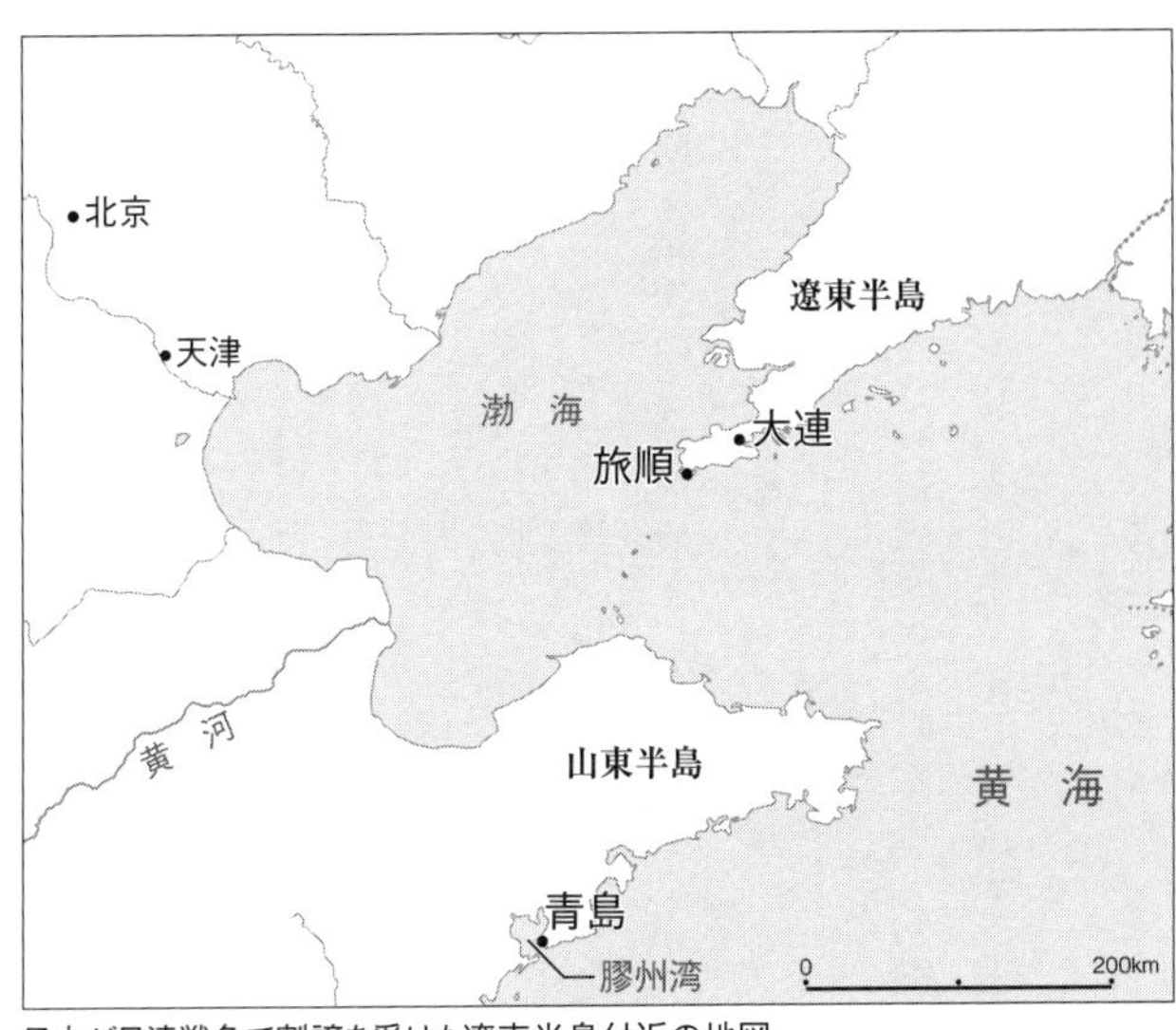

日本が日清戦争で割譲を受けた遼東半島付近の地図

いたのだろうか。

日清戦争と極東の秩序の解体

では、日本は極東の覇権を目指していたのだろうか。

日清戦争に勝利した日本は朝鮮の独立を認めさせるとともに、台湾とその海峡にある澎湖諸島、遼東半島を譲渡させた。しかし独仏露は共同で、遼東半島を清に返還するよう勧告した。三国干渉である。日本は、この三か国の圧力を毅然として拒否することはできなかった。問題は、干渉したロシアが翌年の1896年に、清との間で露清密約を結んで対日軍事同盟の関係となり、同時に満洲における鉄道の敷設(ふせつ)権を得たことである。続いて98年には、日本に還付させた遼東半島の旅順港と大連港の租借権を清から得ている。日本に遼東半島を還付させておきながら、今度は自分が取るというのは背信行為以外のなにものでもない。

しかし第一章で見たように、スピノザ的世界観においてはこうした事態は当たり前のことで、非難に値するものではない。日本は国際政治の世界が信頼に値するものではないことを、身をもって学んだ。結局は信頼できるのは自らの力だけだ。力のない国は奪われるしかない。

実際に日清戦争で敗北した清国は、いっそう列強からの収奪を受ける立場となっていく。ロシアの他にもイギリスは九龍（きゅうりゅう）半島と威海衛（いかいえい）、ドイツは膠州（こうしゅう）湾、フランスは広州湾といった地域を相次いで租借地とした。

日清戦争で日本は朝鮮の支配権をめぐって清と争ったわけだが、この時点では朝鮮の独立を清に認めさせることが主たる目的であった。日本にとっての朝鮮は何よりも安全保障上の問題だった。日清戦争当時日本は、朝鮮を自らの支配下に置くことを考えられるような立場にはまだいなかった。清との関係で問題がなかったとしても、列強、特にロシアがそれを認めるはずがなかったからである。そこで、まずは朝鮮の独立を認めさせたのである。なぜなら、朝鮮が清国と宗属関係にあるとすれば、朝鮮には外交上の自主的な決定権がないからである。つまり、朝鮮との問題を外交的に扱う際に、朝鮮政府とではなく清国政府と話し合わなければならない、という事態が生じるのだ。

こうして日本は、朝鮮を清国の権力的秩序の下から引き離そうとした。前述のように、清国を中心的パワーとした権力的秩序は、周辺諸国との朝貢関係や宗属関係によって成り立つ「華夷秩序」と呼ばれるものである。

華夷秩序の下では、清国との関係によって朝鮮との関係が左右されることになる。こういう状況は列強にとっては都合がよかった。欧州列強は清国と話し合うことで、その属国から利権をむさぼることができたからである。しかし、この権力的秩序を打ち壊さなければ、均衡政策による日本の安全保障は実現できなかった。山県有朋は軍事意見書の中で、「我が国の政略は朝鮮をして全く支那の関係を離れ、自主独立の一邦国となし、以て欧洲の一強国、事に乗じてこれを略有するの憂なからしむるにあり（我が国の政策は、朝鮮を中国から独立させ、欧州列強の支配下に置かれないようにすることである）」と述べている。

一方、日本は清国との間に朝貢関係や宗属関係がないとはいえ、清国を中心とした東アジアの秩序の中では清国から列強並みに扱われる立場にはなかったため、列強並みに清国と渡り合うのは難しかった。そこで日本は、朝鮮と清国の関係、すなわち清国による権力的秩序を切り崩すことから始めなければならなかったのである。まずは朝鮮を華夷秩序から切り離し、朝鮮と直接やりとりできる状態を作り出したかったというわけだ。しかし、日本が華夷秩序を破壊したとまでは言えない。むしろ華夷秩序は英仏の浸食によってすでに崩壊過程にあった。日清戦争は、すでに崩れつつあった華夷秩序の崩壊を、極東（朝鮮半島）においても進めることによって決定的にした、ということであろう。

ただし、日清戦争の勝利によって万事が解決されたわけではない。むしろ問題は先鋭化した。清国を中心的パワーとした極東の権力的秩序が決定的に崩れることで、極東の地政空間に安定をもたらす秩序としての覇権が失われたからである。これによって、覇権をめぐる水面下の争いが本格化し始める。極東の地政空間に剝き出しの利権争いが繰り広げられる無秩序状態が生まれることになったのだ。

19世紀末の時点での極東は、イギリスの長年にわたる中国への進出と大きな影響力はあったものの、まだ欧州のどの国も覇権を握ってはおらず、分割（租借）による利権の配分というレベルにとどまっていた。一方、ユーラシア大陸の反対側ではドイツ帝国の勃興による勢力図の描き替えが進行しており、同時にロシアの南下、すなわちバルカン半島への進出が欧州全体の安定を揺るがしていた。欧州列強は、本拠地ではますます難しくなるパワーバランスを何とか維持することに必死だったが、反対側の極東においては、相手の出方を見ながら利権を分配しており、あからさまな衝突にまでは至っていなかったのである。

これは、欧州の地政空間と極東の地政空間とが全く別のものであり、それぞれにシアターや利権、アクターが存在したからである。もちろん、双方の地政空間に共通するアクターも多く、それぞれの地政空間の政治力学は連動してはいるが、分析的観点からは明確な区別がなされるべきである。

「利益線」をめぐる攻防

ともあれ、日本は朝鮮という「利益線」を確保しておかなければならない。

しかし、清が敗北したことで後ろ盾を失った朝鮮は、今度はロシアに接近してしまった。朝鮮国王高宗（こうそう）の正妃であった閔妃（ミンビ）は親露派であり、閔妃の周りに親露派勢力が形成されていく。こうした朝鮮政府内の動きを危ぶんだ日本の公使三浦梧楼（みうらごろう）が、閔妃を暗殺しクーデターを画策（閔妃暗殺事件）。このことが裏目に出て、朝鮮国の親露派勢力は国王高宗をロシア公使館に避難させ、ロシアの後ろ盾の下で親露派政権を樹立し、1897年、国号を大朝鮮国から大韓帝国（以下、韓国）に替えて近代化政策を行った。急速にロシアの勢力が朝鮮（韓国）に入り込んだのである。

同時に清の李鴻章もロシアに接近した。その結果、対日軍事同盟である露清密約が締結される。清国の権力的秩序を破壊したところで、新たな覇権国たらんとして、ロシアが進出してきたのである。

このままでは、日本のそれまでの国防政策がすべて水泡に帰してしまう。しかし、いまの日本にロシアを押し戻す力はないと判断された。外相の陸奥宗光などは、日清戦争後は朝鮮半島への不干渉の方針を主張するようになっている。朝鮮をめぐってロシアと戦うか、それとも朝鮮を放棄するのかという選択で、陸奥は後者を支持したのだ。

陸奥の立場は国内で理解を得られなかったが、とはいえ軍事的対立は日本にとって不利だから、日本は外交交渉で何とかしてロシアと勢力圏で合意しようと努力することになった。そこで山県有朋は、ロシアとの間で朝鮮における勢力圏を分割することを考える。ロシアが李鴻章との間で対日軍事同盟を結んだ1896年、山県有朋もロシアに赴き、外相のロバノフとの間で協定を締結することに成功した。「山県=ロバノフ協定」である。この協定は秘密協定であって、日露双方が朝鮮に出兵する場合には非占領地帯を設け、兵力も同等とすることで合意したものである。

しかし、ロシアはその2年後、旅順と大連の租借によってさらなる南下の意志を示した。そのタイミングでロシア側から新たな協定の提案があり、その結果、西徳二郎外相とローゼン駐日公使との間で結ばれたのが「西＝ローゼン協定」である。この協定でロシアは朝鮮半島での商工業における日本の優越を認め、日本はロシアが旅順と大連を占領することを黙認した。この協定締結後にロシア人顧問団が朝鮮から引き揚げている。

一方で、1899年に韓国は釜山（プサン）付近の馬山浦（マサンポ）という港を各国に向けて開くことを発表し、ロシアの太平洋艦隊が馬山浦で土地の買収に動き出すに至る（馬山浦事件）。韓国との国境近くにあるロシアのウラジオストクは日本列島によって日本海に閉じ込められているため、ロシアは旅順や馬山浦といった軍港を確保して、太平洋への出入り口としたかったのである。

極東の覇権を求めるロシア

ここで、日清戦争終結から5年後の1900年に、清国内で義和団事件（北清事変）が勃発した。列強に要衝を租借されるという国の現状を憂える清の宗教的秘密結社・義和団が、排外主義的な運動を活発に展開し、天津や北京を包囲する勢いを示したのである。この義和団の動きに呼応して、西太后が無謀にも列強に対し宣戦布告した。結果は八か国連合軍（オーストリア＝ハンガリー帝国、フランス、ドイツ、イタリア、日本、ロシア、イギリス、アメリカ）による勝利で終わり、内政干渉的な内容の北京議定書が締結されることになった。

この時の日本軍の働きは列強に高く評価され、列強の眼は引き続き清における莫大な利権に注がれることになった。日本は地政空間における利権争い、勢力争いの舞台となることを免れ、むしろ列強とともに清国を舞台とする利権争いに参加するアクターへと変貌していったのである。

ただし、問題はロシアの動きであった。義和団事件に乗じて、ロシア軍は1900年7月末から10月にかけて満洲を制圧している。ロシアは、満洲に敷設している鉄道の安全を守るためのやむを得ない措置であって、いずれ撤兵するとの立場を表明していたが、事実上の占領であった。

ここに至って、日本政府はどのような立場をとったのだろうか。

まず、イズヴォリスキー駐日ロシア公使から日本政府に対して、韓国を日露で二分し、それぞれの勢力範囲を定める協定の提案がなされた。「山県＝ロバノフ協定」と同様の発想である。これに対し、小村寿太郎駐露公使は、日本が韓国で、ロシアが満洲で自由に行動することを定める協定の締結を主張した。いわゆる「満韓交換論」である。しかし、この提案はロシア側から拒否される。ロシア側は韓国を日本に譲る気はなかったのである。次いで、ロシア側は列国共同保証による韓国の中立化を提案した。しかし、日本側はこれに応じなかった。

ロシア側は、自分が満洲を押さえている以上は韓国も隣接地域であり、将来的にこれを押さえることもあり得るという立場だった。当時のロシア皇帝ニコライ二世はプロイセンのハインリヒ親王に対して、日本が韓国で地歩を確立することは、極東で新しいダーダネルス海峡問題[*5]を作り出すのと同じであり、許容できないと述べている。

また、日露戦争開戦後約4か月が経過した1904年6月、ロシアの有力政治家であるセルゲイ・ウィッテ（1905年11月から1906年6月まで首相。日露戦争講和会議ロシア側全権代表）は、ハーディング駐露イギリス大使に対して、ロシアが勝利した暁には、日本は永久に戦闘力を奪われなければならず、太平洋沿岸におけるロシアの優越が保障されなければならないと述べている。ロシアは極東における覇権的地位を求めており、自国の安全保障の確保を目的とする日本とは、遅かれ早かれ衝突せざるを得ない運命にあった。

何が日本に日露戦争の開戦を決意させたか

この時点での日本の国防政策はどのように評価できるだろうか。少なくとも、拡張主義的とまでは言えないだろう。繰り返し述べてきたように、日本は朝鮮（韓国）がいずれかの外国の支配下、影響下に置かれることを阻止する、つまり韓国を独立国として維持することを国防の基本方針としてきた。結果的に、そのためには韓国を自国の影響下に置くしかないことになる。これが「利益線」というものだ。日本が韓国における排他的な権益を受けるという意味では拡張主義的とも言えるが、主眼はあくまでも日本の安全保障にあったと言える。一方のロシアは、前節で見たように明らかな拡張主義であり、満洲占領を既成事実とすることで朝鮮半島をも視野に入れている。

この点について、アメリカの国際政治学者ハンス・モーゲンソーの議論を参照してみたい。モーゲンソーはリアリズム国際政治理論の父ともいうべき学者である。

モーゲンソーは、すべての外交政策は三つの基本的なタイプのいずれかに還元できると言う。**現状維持政策**、**帝国主義政策**、**威信政策**の三つだ。

現状維持政策は、力を保持しようとする傾向を持つが、自らに有利になるように力の配分を変えるものではない。帝国主義政策は反対に、自国に有利になるように力の配分を変更しようとする。威信政策は、現状維持政策や帝国主義政策を推進するための手段の一つであり、ある国家が現実に持っている力、持っていると信じている力、あるいは持っていると他国に信じさせたい力を他国に印象づけることであり、外交儀礼と軍事力の誇示がある。

現状維持政策と帝国主義政策の決定的な違いは何だろうか。それは、**二国間あるいはそれ以上の国の間の力の関係を逆転させるような変更を求めるかどうか**、である。

ハンス・モーゲンソー（1904〜1980）

この議論に従えば、日清戦争で「利益線」である朝鮮の独立を確保しようとした日本は、清国の宗主権を否定することで、朝鮮における日本と清の力関係を変更しようとしたという点で、帝国主義政策をとったことになる。

一方、義和団事件以後はロシアが満洲に出兵してこれを占領し、朝鮮における日本の優越的な立場も否定し、それに取って代わろうとしていた点で、これもやはり帝国主義政策であった。ただしこの時点での日本は、ロシアとの関係では現状維持政策に転じており、何とか韓国にロシアの影響力が入ってくることの阻止を目指していた。

日本は安全保障のため、まず日清戦争において朝鮮を清国から独立させるという形で朝鮮半島における現状変更を行ったが、今度はその現状を維持するためにロシアの南下政策に対抗せざるを得なくなった。

モーゲンソーは言う。他国の対外政策は、帝国主義的かそうでないかという問題に対する解答がその国民の運命を決定してきた。帝国主義的な企図に対し、現状維持政策的な措置をとって対抗することは致命的だが、現状の中で調整を求めるにすぎない政策を、あたかも帝国主義政策であるかのように処理することも危険である、と。

日本はロシアの南下政策に対して、これを調整すべく外交努力を重ねたが、ロシアが帝国主義政策、すなわち現状変更の野心を持っていることに気づかざるを得なかった。この認識が日露戦争の開戦を決意させたのである。1901年4月に、山県有朋は伊藤博文に「東洋同盟論」なる意見書を送っている。それは、日本が近いうちにロシアと衝突するのは避けられないため、イギリスと同盟を結ぶべきであるという趣旨のものであった。山県＝ロバノフ協定(1896年)の時点ではまだロシアとの勢力圏の分割による平和に期待を抱いていた山県だが、この時点で認識を大きく変えていたことがわかる。

「代理戦争」としての日露戦争

ここで、これまでの極東情勢を簡単にまとめよう。

日清戦争で清国が敗北したことで、極東地政空間における清国の覇権が崩壊し、その代わりに多極化した流動的で不安定な国際関係が出現した。多極的な地政空間は、強い覇権の下にある地政空間とは異なりさらに不安定である。実際に日清戦争から日露戦争までの10年間、複数のアクターがそれぞれの思惑の下に互いに協定を結んでは無効化され、その都度敵味方が入れ替わるような変転常なき状態となっていた。日本はそうした地政空間のアクターとして、他のアクターである列強との関係をうまくコントロールするという難しい課題に直面したのである。

その時日本は、朝鮮半島におけるロシアとの関係を調整しながら(山県＝ロバノフ協定、西＝ローゼン協定)、義和団事件後は清国における情勢の推移と列強同士の競争を注視しつつ、自らは清国の領土の租借には動かないことで、列強間の不信の力学に巻き込まれるのを避けた。一方で、南下政策を緩めないロシアの強硬な態度を受け、ロシアとの利害調整は困難だと判断し、米英との関係強化に動き出したのである。

これは極東の安定を目指す困難な努力の一つの答えであったと言えるだろう。ロシアは満洲を事実上占領下に置き、イギリスは揚子江流域を利益範囲としており、フランスは中国南部の広東、広西、雲南やインドシナを、ドイツは山東半島を、そして日本は台湾を影響下に置いていた。中でもロシアとイギリスの影響力は大きく、当時の日本にとって最も重要な問題は、日露英の三角関係をどう安定させるかであった。

国際政治の理論においては、三極というのが国際システム上、最も不安定だと言われる。この時期の日露英の関係はまさにそうした大きな危険をはらんでいたと言えよう。英露は中東や中央アジアでライバル関係にあった。いわゆる「グレートゲーム」である。このユーラシアの東側でも英国はロシアの進出を強く警戒していた。日本からすれば、英国であれロシアであれ、どちらも危険であることに変わりはないが、義和団事件以後、南下の構えを見せている隣国ロシアの方がより切実な脅威と認識するに至っていた。

この時明治政府内では、英国に接近するか、ロシアに接近するかで二つの立場があった。より正確に言えば、英露両睨みでおり、双方との協定が背反することなく成立すればそれに越したことはなかった。山県も先に挙げた「東洋同盟論」の中で、日英同盟の動きには賛同しながらも、韓国について日露で協定を結ぶ自由が与えられるならば幸いだ、という見解を述べている。つまり、日英同盟の力を借りてロシアを日露の協定へと後押ししようというわけである。

イギリス側からしてみれば、日本が日清戦争で勝利し、義和団事件でも規律ある軍隊としてふるまったことが高く評価されたことから、現代風に言えば、信頼できる「戦略的パートナー」と見なしたのである。この時、ロシアとフランスは（1894年の露仏同盟以降）同盟関係にあり、イギリスとしては極東におけるパワーバランスを考慮して、日本との同盟では「二国以上との戦争の場合には参戦する」としていた。

この四か国の1901年4月時点における極東の海軍力（戦艦、装甲巡洋艦、巡洋艦、駆逐艦の合計）は、日本20万トン、イギリス17万トン、ロシア12万トン、フランス8万トン。イギリスの海軍力は、露仏両国が協調行動をとる場合には分が悪かった。

以後、日英同盟が日本の外交政策の基軸となっていく。そして日英同盟は極東地政空間における様相を一変させた。ロシアはフランスと共同で、日英同盟に関する共同声明を発出し、この同盟に含まれる極東の現状維持と清韓両国の独立の保持という考え方に賛同することを表明（1902年3月）。一方で、義和団事件に関与した列強に対し、日英同盟に加わらないよう呼びかけた。その直後ロシアは、満洲からロシア軍が1年半以内に三次にわたって撤兵することを清国と合意したのである。

興味深いのは、この後の１９０３年10月に、日本とアメリカが清国との通商条約の改定を同時に発表したことである。これは、満洲の門戸開放を念頭に置いたものだった。アメリカは１８９９年と１９００年の二回にわたり、列強に対して中国の門戸開放・機会均等、領土保全という自国の政策について通報していた。これは満洲の市場への参入を狙ったものである。アメリカが日本と共に清国との通商条約を改定して、東三省（満洲）での開港を求めたのは、商業的利益に関心を示し、同時に満洲に居座るロシアを牽制するためであった。対する清国側でも「夷を以て夷を制す」との考え方から、東三省における日本やアメリカへの開港はロシアに対する牽制となると主張する張之洞[*6]のような有力政治家もいたことが、条約改定につながった。一方で、袁世凱（後の中華民国初代大総統）のように、アメリカに対する開港がロシアに対して牽制になるより刺激になるのではないか、と懸念する向きもあった。

日露戦争の直前、流動化した極東の地政空間は、こうして日英米と露仏に二極化していった。ドイツは戦争の直前には日独英の三国協商を提案するという動きもあったが、一方でロシアに財政援助を与えていた。**この二極化した構造の中で、一種の代理戦争を戦っ**

たのが日本とロシアであったと言える。

日露戦争については良書も多数あり、ここで詳しく経緯を追う必要はないだろう。大事なのは、日本の辛勝であったとはいえ、満洲及び朝鮮半島におけるロシアの覇権主義的な野望を挫いたことである。すなわち、ポーツマス条約（日露戦争の講和条約）で、韓国において日本が「政治上、軍事上及び経済上の卓絶なる利益を有すること」への承認を得たこと、そして、ロシア政府が満洲において清国の主権を侵害し、機会均等主義と相容れない領土上の利益を持たないことを確認したことである。

アメリカとの幻の南満洲鉄道シンジケート案

しかし、日本はすでにこの時、韓国のみならず、満洲においても勢力を拡大しようという構えを見せ始めていた。その急先鋒が小村寿太郎である。

日露戦争の最中の１９０４年７月、小村外相が桂太郎首相に提出した講和条件についての意見書の中で、小村は満洲の中立化を拒否し、満洲に対してある程度の勢力圏を保有することを主張していた。しかし、それは列強の期待するところではなかった。特に満洲の利権への参入を図っていたアメリカはそうである。日露講和条約の斡旋（あっせん）に尽力したセオドア・ローズヴェルト大統領は、日本をロシアの代わりに満洲の覇者とすることを望んでいたわけではない。戦時中の1905年1月、米国は満洲を清に還付し、列国保障の下で中立化することを英仏伊に提案していた。これに対して日本は、清国が満洲の行政を行えるようになるまで満洲を日本が管理するとの提案を行っていた。結果としては上述のとおり、満洲の清国への還付となったが、戦勝によって南満洲鉄道（旅順から長春までの支線）をめぐる権益は日本に引き継がれたため、満洲南部に日

小村寿太郎（1855〜1911）

本の勢力圏が築かれることとなった。

ここで、エドワード・ハリマン（外交官アヴェレル・ハリマンの父）というアメリカの鉄道王が登場する。彼はポーツマス条約締結直後に東京を訪問し、桂首相との間で南満洲鉄道に関する仮協定を結んだ。それによれば、日米は南満洲鉄道の共同出資者となり、シンジケートとして鉄道を運用するとされた。日本は現物（鉄道）を支給するのみで、実質的な資金はハリマン側が提供する。しかも、日本による鉄道の軍事利用を認めるものだった。

桂太郎首相や元老の伊藤博文、井上馨は、日本の資金不足やロシアに日本一国で対峙す

ることへの不安から、この協定に大いに賛同した。ロシアは北満洲において依然として勢力圏を保持していたが、アメリカと利権を共有することで、ロシアへの牽制が可能と見込んだのである。しかし、外相の小村はこれに強硬に反対、仮協定を撤回させてしまった。日本が満洲における排他的な利権を独占することを主張したのである。

仮にこのシンジケートが実現していたら、極東地政空間の政治力学も、そして日本の命運も大きく変わっていただろう。だが、それは歴史のifにすぎない。

このように、極東地政空間のシアターは、日露戦争後には満洲をメインとするようになり、日本とロシアに加え、アメリカが重要なアクターとして参入してくることとなった。そしてロシアというより、アメリカとの対立の方が前面に出るようになっていく。

例外的な友好──日露協約の時代

日本は日露戦争でロシアの覇権の意図を挫いたものの、引き続きロシアの力は無視できないものだった。そもそも日本は日露戦争でロシアを完全に降伏させることはできず、ロシアは以後も強大な軍事力を保有していた。

日露両国は１９０６年2月に国交を回復し、さらに１９０７年には、日露の勢力圏を定める日露協約の締結に向けた交渉が始まった。

　実はこの時、ロシアはイギリスとの協商交渉も進めていた。ペルシャ、アフガニスタン、チベットにおける勢力圏を画定するものであり、長年にわたる英露間のグレートゲームに終止符を打ったものである。イギリスはその3年前の１９０４年にはロシアの同盟国でもあったフランスとの間で英仏協商を締結し、アフリカなどにおける権益について取り決めている。そして日本は１９０７年にこのフランスとの間で日仏協約を締結し、清国とインドシナにおける権益を相互に認め合った。

　このように、日露戦争の前後は、大国間の関係が大きく動いていた時期でもあった。欧州におけるドイツ帝国の勃興がロシア、フランス、イギリスを接近させ、そのことがイギリスと同盟関係にあった日本にロシアとフランスを引き寄せさせたとも言える。しかしそれ以上に、日本が極東地政空間における一人前の主権国家として列強に認められたことが大きかった。それを象徴的に示しているのが、１９０５年から１９０８年にかけて、米、英、仏、独、露が自国の日本公使館を大使館に格上げしたことである。当時は大国と小国との間には区別があり、大国間で交換される外交使節のみが大使であり、それ以外は公使レベルだった。日本は大国と認められ、それによって利権分配の仲間入りをしたのである。

「特殊利益」保護のために協働する日露

さて、１９０７年７月の「第一次日露協約」は韓国と南満洲を日本の勢力圏とし、モンゴルと北満洲をロシアの勢力圏とする取り決めであるが、これはポーツマス条約を補完する役目を果たした。それまで南満洲鉄道の引き渡しや北洋漁業についての細目の履行が滞っていたが、この協約締結によってそれらの諸懸案は解決された。日露はこうして互いに満洲での利害を共有する関係となったのである。

また、１９１０年７月には「第二次日露協約」が締結される。これは第一次協約で定めた日露の勢力圏、及びそれにおける特殊利益を第三国から保護することを取り決めたものである。この第三国とは、具体的にはアメリカが念頭に置かれていた。

この背景には、前述したアメリカ人のハリマンの提案のみならず、第二次日露協約締結の前年の１９０９年にも、米国のノックス国務長官が満洲鉄道の中立化提案を行ったことがある。この提案の骨子は、列強が提供する資金で日本とロシアが保有する南北満洲鉄道を清国に買い戻させ、列強が共同管理するというものである。１９０７年に操業を開始した南満洲鉄道株式会社（満鉄）は、満洲の物資輸送を独占してすでに大きな利益を上げつつあった。ちなみに米国国務省では、南満洲鉄道と並行してその西側を南北に走る錦愛鉄道(錦州―愛琿間)敷設計画も立案されていた。日本の満洲権益独占を何とかして破りたいと考えていたのである。

しかし、自らの権益保護のため、日露はノックス提案を揃って拒否するなど、米国による利権介入を食い止めるために協働した。第二次日露協約の秘密協約第五条では特殊利益(満洲権益)が他国に脅かされそうになった際には、日露間でその利益保護のために共同して行動、または相互に援助を行うために協議することを定めている。ノックス提案を一致して拒否したことは、利益を共有する者同士の共同行動であり、第二次協約ではこの精神、つまり相互の特殊利益を共同で守っていくことを明確に定めたのである。

ちなみに第二次協約については、同盟関係にあるイギリスや協約国であるフランスに対して、秘密協約以外の協約の内容について事前に説明し、了解を得るという手続きを踏んでいる。その際、イギリスに対しては、表向きは満洲の門戸開放主義を確認している。イギリスは門戸開放が保障されることを条件として日露協約を歓迎すると述べたからだ。しかし、実際には日露の秘密協約では両国の「特殊利益」の保護のため相互に協力することを約すとされており、日本政府は裏腹な対応をとっていた。

朝鮮半島が日本の領土に入ったことの意味

日露協約との関係で最も重要なのは、韓国における日本の支配権の確立であった。日本は第一次日露協約と並行して第三次日韓協約の締結を進めており、日露協約の調印直前に第三次日韓協約を締結している（日韓協約の調印日は7月24日、日露協約の調印日は7月30日）。ちなみに、第一次日韓協約は日露戦争中の1904年8月に、第二次日韓協約は日露戦争直後、ポーツマス条約締結直後の1905年11月に締結されていた。すでに韓国の財政・外交権は日本が掌握しており、統監府が置かれ、初代統監は伊藤博文が務めていた。

第一次日露協約締結交渉では、「外蒙古（モンゴル）におけるロシアの特殊利益を承認する」という文言を加えるかどうかについて、日本政府内で議論がなされた。モンゴルにおけるロシアの特殊利益の承認は、韓国における日本の支配権の承認の代償として求められたと考えたからだ。つまり、「満韓交換」ならぬ「蒙韓交換」である。韓国を事実上の保護国としていた日本政府は、モンゴルでロシアが同様の行動を取るのを認めることまではできないとする考えがあった。そのため、韓国やモンゴルに関する条文を落として、満洲の分割のみの協約とすることも検討されていた。

日露勢力圏分界図。満洲の中央の線が日露境界線

これに対して、韓国統監であった伊藤博文は、韓国に関する条文を全削除することに強く反対し、外務大臣宛ての電報「日露協約中より韓国関係事項全部削除に対し反対意見開陳の件」(1907年6月19日付)で、ポーツマス条約の定める条項のうち、まだ完全に解決されていないものの中で「再重大なるは韓国問題」であるとし、ロシアが韓国に干渉する余地を残せば円満な日露関係は期待できないと述べ、少なくとも韓国に対する日本の立場の現状の承認を記載すべきだとしている。

第三次日韓協約では、軍の解散権などの内政にも踏み込み、韓国の保護国化がいっそう進められた。そして、韓国の併合が断行されるのは第二次日露協約締結直後の1910年8月である。

こうして、第二次日露協約までで、韓国に対する日本の支配権は完全に確立された。当初求めていた朝鮮の独立と緩衝地帯化による日本の安全保障の実現という国防政策が、韓国併合にまで行きついてしまったのである。**朝鮮半島までが日本の領土に入ったというのはつまり、国防のための緩衝地帯がさらにその先、すなわち満洲の地に求められたということである。**これが日露協約が持つ国防上、そして外交安保上の重要な意味であった。

ただし、満洲は清国の領土ではあったものの、日露双方が鉄道利権を中心に事実上の支配下に置いており、軍も駐留させていたため、同地は緩衝地帯から直接衝突の地へと転化する可能性もあった。後の関東軍の前身は、すでに関東州（日本がロシアから受け継いだ租借地である旅順及び大連）と満鉄沿線に守備隊として配備されていた。こうした観点から見れば、第二次までの日露協約は、勢力圏の明確な画定により、双方の不信や不安が増大するのをコントロールする機能を果たしたと言える。

日英同盟から日露同盟へ

すでに満洲では、日露の権益と米英など他の列強との権益とが衝突する状況になっていた。つまり、日露は協働して満洲を自分たちの排他的な影響下に置き続けることを画策し、一方の米英らは満洲の実質的な門戸開放、市場開放によって利権に食い込もうとしたのである。

その背景には、清国がすでに国家として弱体化して内乱状態にある（1911年の辛亥革命によって崩壊してしまう）という状況があった。列強からすれば、中国における利権拡大の好機が訪れていたのである。ホッブズが、国家を人工的、機械的な人間にたとえて「和合は健康、騒乱は病気、内乱は死である」と述べているが、これにならえば、当時の中国は「死にかけた病人」であったと言えよう。

日露以外の列強のさらなる中国進出への試みの一つとして、1910年2月、米英独仏の金融機関が清国政府による鉄道建設などを支援するために結成した四国借款（しゃっかん）団がある。この四国借款団は、英独仏が共同で湖広鉄道建設のための清国への借款を成立させたことを受け、満洲における日露の独占支配に対抗しようと考えたアメリカが加わったものであった。

だが、辛亥革命により清国が崩壊したことでこの借款は実現されなかった。その後、中華民国成立後の1913年には日露が参加し、米国が抜けて、英独仏露日の五国借款団となる。このように、列強は中国に金を貸し付けることで財政的に支配下に置き、鉄道などの担保を取ることによって利益をむさぼろうとした。

こうした状況の中、辛亥革命による清国の崩壊という事態を受けて締結されたのが、1912年7月の「第三次日露協約」である。その主眼は日露の「特殊利益」の境界を内蒙古にまで引くことであった。

第一次協約では、南北満洲の勢力境界は東経122度まででとどまっており、モンゴル（外蒙古）についてはロシアの勢力圏に入れることを認めていたが、内蒙古については何も規定がなかった。辛亥革命を受けてモンゴルが独立を宣言し、ロシアがこれを後押しして自らのモンゴルに対する影響力を固めようとしたことから、早急に日露間で内蒙古の勢力圏を定めることが必要と認められたのである。第三次日露協約締結後に、ロシアは辛亥革命に乗じて清国からの独立を宣言していたモンゴルとの間で露蒙協約を締結し、モンゴルの自治への援助を約束し、モンゴルにおけるロシアの特権を確保している。なお独立ではなく自治としたのは、列強間の合意となっていた中国の領土保全に抵触しないためである。

ただし、第三次日露協約交渉には前記の四国借款団への日露の加盟に関する動きも密接に絡んでおり、容易には進まなかった。これは、清の崩壊が極東地政空間に新たな力の空白を作り出した結果、列強間の中国権益をめぐる緊張が高まっていたことを意味している。

日露協約の変遷をたどると、日本は緩衝地帯としての朝鮮の独立（第三国の影響力を朝鮮に及ぼさせない）を維持することで均衡による安全保障を実現するという国防政策から、満蒙における特殊利益を独占的に維持するという方向に少しずつ転換していったことが見えてくる。辛亥革命による清朝の崩壊が、そうした傾向を加速させた。列強の均衡よりも日露の均衡が重視され、日露という二つの重心の均衡を枢軸として、それ以外の国、特に米国による満蒙への介入をいかに排除するかが問題とされるようになったのである。

これまで日本の外交政策の基軸となっていた日英同盟は、1911年に二回目の改定（第三次日英同盟）が行われており、アメリカについては日英同盟の対象から実質的に除外されることになった。これによって、日英の連携よりも英米の連携の方が強いことが明らかとなり、アメリカに対抗するにあたって、イギリスは頼りにならないという事態が生じていた。極東地政空間における力のバランスが少しずつ変化していたことが、日露の接近をいっそう後押しした要因となったのである。

「協力者」はイギリスからロシアへ

最後の「第四次日露協約」が締結されるのは1916年7月である。極東から遠く離れた欧州では、露英仏（ロシア・イギリス・フランス）と独墺伊（ドイツ・オーストリア・イタリア）との対立という形で、極東とは全く別の構造が生じていた。一方、極東では日露と米英の利害が衝突するというように、二つの地政空間は係争対象が異なるがゆえに、相互に関係しながらも、その構造にずれが生じていた。国際政治における国家間関係を見る際には、それぞれの地政空間の構造にずれが生じ得ることを忘れてはならない。地政空間ごとに利害関係が異なることがあるからである。

欧州では1914年夏、独墺伊（同盟国）と露英仏（協商国）が争う第一次世界大戦に立ち至った。日本は日英同盟を理由に対独参戦した。第一次世界大戦の勃発は極東の勢力争いにも影響を及ぼした。つまり、列強が欧州大戦に手いっぱいとなっている間に中国における均衡が崩れることを恐れたのである。そこで極東の安定を確保するため、欧州列強からは日本との新たな同盟の提案がなされることになった。

ロシアからは、英露日の相互不可侵条約の提案、フランスからは日英同盟へのフランスの加盟である。ここに、極東における日英仏露四か国同盟という案が浮上した。ところが、肝心のイギリスはこうした動きに後ろ向きだった。日本でも外相の加藤高明が日露同盟に反対したため、なかなか交渉は進まなかった。イギリスにとっては、欧州地政空間の中ではロシアと連携しても、極東地政空間は別だったということである。

ところが、欧州大戦でロシアが形成する東部戦線から当のロシアが離脱する懸念が出てくると、英仏が形成している西部戦線がドイツに対して劣勢に立つ恐れが出てきたため、イギリスは日露同盟に前向きになった。日本政府でも加藤外相が辞任した。こうして、第四次日露協約交渉の準備が整ったのである。

この協約は、これまでの三回の同協約とは性質を異にした軍事同盟だった。つまり、中国が日露いずれかに敵意を有する第三国の「政事的掌握」に入ることを防ぐため、日露双方は互いに協力し、開戦に至る場合には軍事援助を行うことが規定されていたのである。ここで注目すべきは、軍事同盟化したこともさることながら、協約の適用範囲が満蒙にとどまらず、「支那(しな)」、すなわち中国全土に及んでいることである。

ここで名指されている第三国とは、ロシア側からの当初の提案ではドイツが念頭に置かれていた。ロシア側はドイツが資源などを目的として中国を取り込んで、日露に対抗させようと画策していると考え、これを理由に日本の協力を得ようと日本政府に働きかけたのである。ただしロシアの本音は、その年（1916年）の4月に予定されていた協商国側による総攻撃を前に、日本からの武器弾薬の追加援助が早急に欲しかったことにある。

ちなみに、中国を取り込もうとするドイツの動きを受けて、露英仏は中国をしてドイツと断交させようと画策していたが、日本が独自の対中政策からこれに反対していた経緯があった。

ロシアとしては、ドイツへの対抗を期してこの協約を結んだのだが、条文上は、中国における「第三国」の支配を退けるための軍事同盟となっていた。日露双方は、これが日英同盟に抵触しないという前提で協約を締結していたが、この点で、潜在的には日英同盟と矛盾するものであったと言える。

ここからも、日本が大陸における利権を保全するための協力者として、英国からロシアに乗り換える可能性を内包していたことが見てとれるだろう。実際に、協定交渉開始に関する閣議決定（1916年2月14日）においては、「日露両国親善関係ここに至らば、さらに一歩を進めて、むしろ両国間に同盟関係を設定し、戦後、露国をしてドイツその他侵略的政策に駆らるる邦国との接近を予防するは現下の急務たるべきこと」とされた。ここで、

「ドイツその他」とされていることに注意が必要であろう。

日露同盟の完成

明治政界で絶大な影響力を有していた元老の山県有朋は、ロシアとの同盟に終始前向きで、日露が提携してアメリカに対抗すべきと考えていた。第一次日露協約を締結した1907年の時点ではすでに、日露の提携は満洲経営を進展し、欧州列強が団結して東洋に迫るのを防ぐのに有効と述べており（「対清政策所見」）、1918年の「国防方針改訂意見書」では、アメリカが帝国主義の意図を現して利権を拡大しようとしているから、ロシアと提携してアメリカの勢力払拭(ふっしょく)に当たらなければならない、と述べている。

さて、第四次協約が中国全土を対象にした背景には、日本の対中国政策の変化があった。日本はロシアとの間ですでに勢力の安定を達成しつつあった満蒙のみならず、辛亥革命後の動揺が残る中国にも手を伸ばし始めていたのだ。ロシアは、この協約の締結を日本に働きかける際に、そこを巧みに突いた。

1916年1月、協約の提案を持って来日したロシアのコザコフ極東局長に対し、石井菊二郎外務大臣が「満蒙に関する関係は前後三回の協約によりてあらゆる誤解の原因は除去しつくされた」ので、これ以上の協約が必要か疑いがあると述べたのに対し、コザコフは「満蒙に限らず支那全体にわたりドイツの跋扈を予防すること」は日露共通の利益ではないかと答えている。

これに先立つ第一次世界大戦参戦後の1915年1月、日本政府は、五号二十一か条からなる要求、いわゆる「対華二十一か条要求」を中華民国政府に突きつけた。第一号から第四号までは山東省に関する件、南満洲と東部内蒙古に関する件など、基本的に従来の路線に沿ったものであったが、第五号「中国政府の顧問として日本人傭聘方勧告、其他の件」は中国への支配権を大きく拡大しようとする内容となっていた。つまり、中央政府に政治、財政、軍事顧問として日本人を用いること、日本の病院、寺院、学校に土地所有権を認めること、地方の警察を日支合同とすること、日本から一定数の兵器を供給すること、鉄道敷設権を与えることなどである。

しかし、当然のことながら、中国における利権拡大を狙うアメリカや、すでに中国中央部に利権を有するイギリスは、特にこの第五号の要求に対して強く批判した。これを受けて日本政府は第五号を削除し、第四号までの十四か条の要求を中国に対して押し通したのである。

こうした日本の対中政策の転換に伴って、米英との緊張が高まっていく時期に突入することになる。

第三章　不信に支配された関係——覇権か均衡か

「国際社会では戦争は政治の道具、国土は軍事基地であり、軍はそこを拠点に出撃し、「平和」と呼ばれる休戦中には次の戦争に向けた準備を行う。各国はその地理的位置に即して戦時には軍事戦略を、また平時には政治戦略を実行しなければならない」

——ニコラス・J・スパイクマン『米国をめぐる地政学と戦略』

1910年代後半は、辛亥革命による大清帝国の崩壊やロシア革命によるロシア帝国の崩壊によって、極東地政空間に大きな力の空白が生じた時期であった。日本はこの空白に吸い寄せられるようにして、中国やロシアへの干渉に手を染めていく。これから見ていくのはそういう時代である。

この時代の日本を特徴づけるのは、極東地政空間において、朝鮮を「利益線」として守りながら、主権国家として列強との均衡を追求するという国防政策からの変化である。権益争いの舞台であった中国の大地で、列強との交渉相手としてはまだ機能していた清国政府が消失し、ロシア帝国という主要なアクターも消失したことから、日本は勢力の伸長に誘われていく。

それが、1918年から7年間に及ぶシベリア出兵であり、中国内政への介入（袁世凱の排除、段祺瑞（だんきずい）政権の支援、張作霖（ちょうさくりん）の支援と排除）、1932年の満洲国建国、1937年からの8年間に及ぶ日中戦争の拡大であった。

その過程において、日本の対抗勢力はアメリカとなっていく。そして太平洋戦争でアメリカに敗北することで、主権国家としてふさわしい地位をアジアに確立するという明治以降の日本の国家戦略は、否定的な形で一応の結末を見ることになった。なぜ日本の国家戦略は敗戦で終わらなければならなかったのか。そして、この歴史から現代の日本国民が引き出せる教訓とは何だろうか。

「帝国国防方針」に見る第一仮想敵国の変化

明治以降の日本では、仮想敵国としてどこが想定されていたのか。それは「帝国国防方針」の中に定められていた。

帝国国防方針が最初に制定されたのは1907年、すなわち日露戦争に勝利した（敗北しなかった）後であり、第一次日露協約と同じ年である。基礎となったのは当時参謀本部作戦課にいた田中義一（たなかぎいち）中佐の起草した案文を踏まえた山県有朋の私案であり、元帥会議、陸海軍統帥部長及び首相の協議、天皇の裁可を経て制定された。国防方針が初めて制定されることになった背景には、日露戦争終結を受けて、軍としては将来に備えた軍備拡張のための根拠を明確にする必要があったからである。

当時の仮想敵国の第一はロシアであり、次いでアメリカ、ドイツ、フランスがくる。しかし、実際には陸軍と海軍の間で考え方の違いがあり、海軍はアメリカを第一の仮想敵国として戦備を整えるべきだとの考えを持っていた。そうした海軍の思想の主なイデオローグは、秋山真之（あきやまさねゆき）と並んで海軍の二大智謀と称された、佐藤鉄太郎中佐であった。佐藤は一種の南進論を説き、仮想敵国の第一をアメリカまたはドイツとし、ロシアをそれに次ぐものと主張している。

その結果、事実上ロシアとアメリカをともに仮想敵国とした所要兵力量が定められた。それは対露一国戦争の場合に満洲でロシア軍を迎撃して南満洲を確保し、あわせて沿海州、樺太の一部を占領できる陸軍兵力として、平時25個師団、戦時50個師団を、対米一国戦争の場合に西太平洋の制海権を確保するに足る海軍力として、八・八艦隊（戦艦8、巡洋艦8）を目標とした。

帝国国防方針はこの後、第二次世界大戦までに三回にわたり改定される。まず、1918年に第一次改定がなされ、仮想敵国にはロシア、アメリカ、中国が同列に置かれた。中国が置かれたのは、対華二十一か条要求などに見られるように、日本が中国への権益拡大を視野に入れていたからである。

次に改定がなされたのは1923年である。これは1922年のワシントン会議（後述）の翌年であり、日本にあっては米英協調路線で進み始めた時期であった。それにもかかわらず、この時の改定で仮想敵国の第一はアメリカとされた。国防方針の第三節で、「列強経済戦の焦点」は東アジア大陸とされ、日本と他国との間に「利害の背馳を来し」、日本と衝突する可能性が最も高いのが米国と判断されたのだ。つまり、仮想敵国としてのアメリカの力を恐れたからこそ、外交当局はアメリカと協調路線をとろうとしたのであり、一方の軍部は、仮想敵国との戦いを想定して備えなければならなかったのである。

最後に方針が改定されたのは日中戦争直前の1936年、日本をめぐる国際情勢はかなり悪化し、国際的に孤立していた時期である。方針で想定された仮想敵国の順番は、米ソ（露）中で変わりはなかったが、さらにイギリスが加えられた。

そもそも、日本の国防方針は一か国を相手に戦うことを想定して制定されていたが、国際環境の悪化はそうした前提をすでに無意味なものにしていた。日本は対中政策において抜き差しならぬ状況に陥っており、さらに英米との関係も悪化の一途をたどっていたからである。

こうした孤立した状況を脱却すべく、日本はドイツとイタリアとの間で同盟締結の可能性を探っていくことになる。

対中政策の二転

1912年2月に中華民国が成立し、袁世凱が臨時大総統となった。もともと清国政府の総理大臣になっていた袁世凱は、中国南部を中心とする革命派と妥協して清国の崩壊を導き、自身は新たに成立した中華民国の臨時大総統を孫文(そんぶん)から引き継いだ。

こうした動きの背景には、中国を長引く革命で混乱させることを望まず、早期に安定させることを期待するイギリスがいた。イギリスは袁世凱を支持していたのである。日本もまた中国の新たな情勢を受けて、中国に対する影響力を拡大する意図をもって袁世凱を支援する立場となった。しかし、袁世凱が帝政復活を画策し始めると、中国は再び内戦の混乱に陥っていく。日本はその機に乗じて、1915年1月、対華二十一か条要求を行った。

日本にこういう行動を起こさせたのは、中国において誰が支配的な影響力を有するアクターとなるかという問題意識であった。つまり、**中国の国内混乱により、極東の地政空間は満洲のみならず、中国全土を舞台とする形に変化しつつあった**のである。

1916年10月の寺内正毅(てらうちまさたけ)内閣は、対華二十一か条要求などで対中関係を悪化させた大隈内閣の対中政策を転換し、日中関係の改善、対米関係の改善、対中内政不干渉の方針を打ち出した。しかし、そうした方針転換も束の間、1917年、日本は北京を押さえていた北方派（北洋軍閥）の実力者であり、北京政府国務総理を務めていた段祺瑞への経済援助を決定し、北方派による中国統一を成し遂げさせることで、日本の影響力を拡大しようとした。

こうした状況の中で勃発したのがロシア革命である。1917年3月には革命によってニコライ二世が退位し、ロマノフ王朝が終焉。そして11月（ロシア暦で10月）にはソヴィエト暫定政府が樹立される。

シベリア出兵に至る道

辛亥革命によって中国が混乱し、弱体化したのに続いて、ロシアもまたロシア革命によって混乱の後に弱体化し、ロシアは極東地政空間のアクターから一時的に離脱することになった。そうなると、日本にとっては極東におけるアメリカの進出をいかにして抑えるかが重要課題となっていく。このことがシベリア出兵の背景となった。

ここでシベリア出兵に至る経緯を述べておきたい。当時ロシアは第一次世界大戦に参戦してドイツ・オーストリアと共に戦っていたが、成立間もないソヴィエトの革命政府は国内の掌握を重視し、一刻も早く停戦することを優先した。こうして1918年3月、ソヴィエト政府はドイツなどの同盟国側との間でブレスト＝リトフスク条約を締結し、講和。これによって欧州の東部戦線が消失し、西部戦線にドイツが集中できる状況がつくられたのである。

英仏はこの事態を恐れた。そして、ソヴィエトの赤軍と対抗して各地で抵抗を行っていたロシア帝国軍を主体とした白軍が、ソヴィエト政権を打倒するのを支援した。改めて東部戦線が構築されるよう画策したのである。

英仏はまず、ロシアに対する援助物資がドイツ側に渡るのを阻止すべく、援助物資が集積されていた都市（北極海に面するアルハンゲリスクや、極東港湾都市ウラジオストクなど）を奪還することにした。ウラジオストクについては、日米に対して出兵を要請した。

日米は当初出兵を決めきれなかったが、１９１８年の夏、戦時中はロシア側に立ってドイツと戦っていたチェコ軍団が、ロシア内戦の中でソヴィエト政府に対して蜂起し、シベリア鉄道沿線の各地を占領したことで事態は一転する。英仏はこのチェコ軍団約４万人を使って東部戦線を構築しようと考え、チェコ軍団の救出を理由にして日米に再び出兵を働きかけた。ここに至ってアメリカはついに出兵を承諾し、日米同数の７０００人の部隊をウラジオストクに派遣したいと日本に提案した。

こうして日本は大義名分を得て、８月２日、出兵を宣言する。しかし、日本はウラジオストクに限定せず、バイカル湖までの東シベリアを制圧しようとし、兵力も７０００人をはるかに超える三個師団約７万人からなる大軍団を派兵した。こうして、出兵から二か月足らずの期間に、日本はバイカル湖以東のシベリア鉄道沿線を制圧する（１０４ページ地図参照）。ザバイカル州のチタに第三師団司令部、中露国境の満洲里に第七師団司令部、ハバロフスクに第十二師団司令部が置かれることになった。

日本軍の突出した行動は、当然ながらアメリカの強い反発を招いたが、それでも日本が突出したのは、アメリカに先んじて極東に勢力を確立しようとしたからである。当時外交調査会（１９１７年６月設立の天皇直属の外交審議機関）の委員を務めていた伊東巳代治（いとうみよじ）は、出兵したアメリカがシベリア鉄道を管理して満蒙にも手を伸ばしてくることを恐れ、「米禍の東漸（とうぜん）」（アメリカの東方進出）を防ぐための出兵を提案していた。

「危険な存在」としての日本

結局、1918年のウラジオストクへの派兵以降、1925年に北樺太から最後の日本軍部隊が撤兵するまでの7年間で、陸海軍軍人・軍属の戦病死者数は、戦死2643人、病死690人の計3333人に上った。

シベリア出兵はれっきとした戦争であった。ただし、ロシア革命でロシア帝国が崩壊し、出兵時にはボリシェヴィキが政権を握っていたが、日本はボリシェヴィキのソヴィエト政権を承認していなかったため、国家対国家の戦争とはなり得なかった。日本軍は極東シベリアの反革命軍を支援しながら、革命勢力を相手に戦闘したのである。

ソヴィエト政権は、日本軍の駐留が続き、極東・東シベリアでの反革命勢力を制圧できなかったため、ザバイカル州で極東共和国という緩衝国家を建国した。以後、日本軍との停戦交渉はこの極東共和国が相手となる。極東共和国の領域は、ザバイカル州、アムール州、沿海州、カムチャツカ州、サハリン州と定められた。主に日本軍が占領していた領域からなっている。

したがって、この戦争の終結は日ソ基本条約の締結（1925年1月）によって日本がソ連政府を承認し、国交を回復するまで待つことになる。北樺太からの最終撤兵は、日ソ基本条約で取り決められたとおり、締結から四か月後の1925年5月15日となった。

日ソ基本条約は、日ソ間の国交樹立を実現したもので、外交関係や領事関係の確立、民間の関係（漁業関係や通商関係、旅行の自由、身体財産の保護など）に言及するものとなっている。この条約は、まず日露戦争の講和条約であるポーツマス条約の効力の存続を確認し、その他の諸条約の効力の存続については今後検討するとした。

日露協約についても触れられていないが、そもそも発足したソヴィエト政府は秘密外交の否定を方針としており、日露協約の秘密条項も含めて暴露した経緯があることを考えれば、それも理解できる。第四次日露協約の秘密協約は、中国を第三国の支配下に置かないことを目的としたが、1917年12月19日付の政府機関紙「イズヴェスチヤ」にて、その「第三国」とは英米両国を指すという注釈つきで公開された。ロシア側からは、ドイツを念頭に置いたものとして交渉が提案されたものであったにもかかわらず、である。

また、日ソ基本条約は漁業協約を改訂し、通商航海条約を締結することを確認して、ソ連は日本に天然資源の開発利権を与える意向を確認した。これは北樺太における油田・炭田が念頭に置かれていた。シベリア出兵後の事態の推移の中で日本軍が北樺太も占領していたことから、そこから徴兵する代わりに北樺太における石油・石炭の開発権をソ連側から得たのである。日本政府は、当初北樺太の買収の線で交渉してきたが、ソ連側との間で買収額に大きな開きがあったため、実現には至らなかった。

この条約の特徴は、「宣伝禁止条項」と呼ばれる第五条にある。ここでは、それぞれの政府が相手国の秩序と安寧(あんねい)を脅かすような行為をしないことを確認している。この宣伝禁止条項を含めることを主張したのは日本側である。念頭に置かれているのは共産主義の宣伝であり、具体的には第三インターナショナルの活動であった。ソ連側はこの宣伝禁止条項に強く反対したが、最終的には受け入れている。日本政府が共産主義国であるソ連との間の国交樹立に懸念を有していたことがよくわかる部分だ。ただしソ連側は、ソ連政府は第三インターナショナルにいかなる資金援助もしておらず、ソ連政府と第三インターナショナルの間には何の特殊な関係もないという立場であった。

この条約は、国家間の基本的な関係である国交樹立や通商関係（漁業関係含む）などに言及している点で、1956年の日ソ共同宣言と共通している。日ソ共同宣言は第二次世界大戦における日ソ間の戦争状態を終結させ、日ソ間の国交を回復するものであったが、この日ソ基本条約もまた、シベリア出兵という一種の侵略的行為を終結させることで、国交を樹立するものであった。その意味で、双方は相似の関係にある。ただし、日ソ基本条約では日本は占領していた北樺太から撤兵したが、日ソ共同宣言ではソ連は占領した北方領土から撤兵しなかったことは特筆すべきだろう。

いずれにせよ、**極東地政空間に覇権を確立しようという日本の野望は、ロシア帝国の崩壊によって生じた力の空白に乗じたシベリア出兵に原型を見ることができる。**当然ながら、こうしたあからさまな覇権の意図は、地政空間の他のアクターたちにいっそう強い警戒心を呼び覚ました。そのアクターとはアメリカであり、そして当然ながら新たに成立したソ連であった。

ソ連、すなわちソヴィエト社会主義共和国連邦が正式に成立するのは、1922年10月に日本軍がウラジオストクから撤退し、極東共和国がロシア・ソヴィエト社会主義共和国に合流した後の同年12月30日であった。この経緯を見れば、シベリア出兵がソ連の正式な成立を妨げていたことがわかる。日本が撤退するまでは、極東共和国というソ連の傀儡(かいらい)国家が日本との交渉にあたっていた。それゆえ、日本軍撤退後に極東共和国政府はその役目を終えてソヴィエト政府に合流したのである。

日露戦争での敗北に続いて、シベリア出兵というソ連にとっての「原体験」は、極東において日本は危険な存在であり、その脅威を取り除かなければソ連の安全は保障されないと認識させるものとなった。極東の地政空間において、日本の勢力はできる限り弱体化させなければならないということである。この戦略的立場は、おそらくは今なおロシアにとって現実のものであり続けている。

ワシントン体制の時代

極東の外へ目を向けよう。シベリア出兵の最中である1921年から22年にかけて、ワシントンで重要な国際会議が開催された。これは第一次世界大戦によって国際秩序に大きな変化が生じたことを受けて行われた、国際秩序再編のための会議である。

第一次世界大戦によって、ロシア帝国、ドイツ帝国、オーストリア=ハンガリー帝国、オスマン帝国という四つの帝国が崩壊した。さらにそれに先立つ1912年には大清帝国が崩壊している。そのことは、アメリカの国際政治における影響力の突出にもつながった。この時アメリカが掲げたのが、民族自決、平和主義、公開外交といった理想に基づく国際政治の理念（以後、アメリカ外交の看板となるウィルソン主義）である。こうした一連の変化に伴い、欧州及び極東の国際秩序の再編は不可避となった。

欧州の新たな秩序はヴェルサイユ体制と呼ばれ、極東の新たな秩序はワシントン会議にちなんでワシントン体制と呼ばれる。ワシントン会議自体は軍縮を目的とした会議であり、日本海軍の主力艦の保有量を対米で6割にすることを取り決めた海軍軍縮条約がよく知られている。一方で、その他にも日米英仏による四か国条約や、ワシントン会議に参加した九か国による九か国条約が締結された。四か国条約とは太平洋の諸島における相互の利益尊重を約したものである。これに伴って、日露戦争期以降、日本の安全保障の基軸となってきた日英同盟が解消された。九か国条約は中国における門戸開放、機会均等、領土保全の原則を確認したものである。

つまり、ワシントン体制は極東地政空間において、現状維持を目的として、国際条約によって秩序を与えようとしたものだった。第一章で考察した「権力的秩序」と「法的秩序」という概念を用いて言い換えれば、**ワシントン体制はアメリカの力と理想を背景に、多国間の国際条約による一種の法的秩序を確立しようとする試み**だったと言えるだろう。

アメリカはワシントン体制の確立によって日本の海軍力を制限するとともに、中国の門戸開放や領土保全を確認し、日英同盟の解消に成功した。翻って日本はワシントン会議に参加することで、アメリカをはじめ列強との間で協調路線をとることになる。ワシントン会議以後の1920年代は、幣原喜重郎の外交政策から「対米協調の時代」と呼ばれた。

協調外交はなぜ批判されたのか

幣原はワシントン会議の全権を務め、1924年から1931年までのほとんどの期間、外相として日本外交を引っ張った。1931年の満洲事変の勃発後、幣原は表舞台から姿を消し、日本外交は軍部の影響の下で進められていくことになる。対米英協調を基本路線とした幣原外交は、日ソ基本条約交渉から始まり、1931年の満洲事変で終焉を迎える。

幣原外交とはどのような外交だったのだろうか。よく言われるのは、国際協調とか対米協調ということである。しかしもっと重要だったのは、対中政策、すなわち**中国に対する徹底した内政不干渉政策**であった。

20年代の極東における国際情勢の最も大きな問題は、中国の内戦であった。ソ連は内戦状態を脱したばかりでまだ往年の姿を取り戻していなかったし、中国問題については九か国条約が列強による中国利権の拡大を制約していた。ただし、ソ連はワシントン会議に呼ばれておらず、九か国条約にも加わっていなかったことは注記しておくべき事実である。

肝心の中国は、袁世凱の死後、軍閥割拠の時代に突入しており（軍閥とは権力を掌握した政治的存在としての軍組織のこと）、1925年には国民党による広州国民政府が成立。翌26年7月には、蔣介石を国民革命軍総司令として、中国統一を目指した北伐が開始された。中国情勢は新たな展開を迎えていた。日本にとってはこうした中国における新たな政治情勢と、中国におけるナショナリズムの高揚、反日感情の高まりといった事態にどう対処していくのかが、最重要課題となっていたのである。

幣原喜重郎（1872〜1951）

幣原外相は1924年6月の就任演説で、中国の内政に関与せず、中国の合理的な立場を無視することはないとの立場を明確に示した。就任後すぐに内戦が激化し、満洲の軍閥であった張作霖（奉天派）と北京を押さえていた呉佩孚（直隷派）との間で第二次奉直戦争が勃発した際、日本では張作霖の援助に乗り出すべきだとの介入論が優勢になったが、幣原外相は不干渉主義に基づいてその動きを抑えた。その後も、何度か中国への出兵が議論されることになるが、幣原は断固として不干渉政策を堅持した。

また、中国の関税自主権回復や治外法権撤廃に対する要望にも理解を示し、そのための国際会議の開催のイニシアティブをとったため、中国の対日感情は飛躍的に改善された。

このように、幣原外交は中国に対する不干渉主義を軸にしつつ、ソ連とも国交を樹立し、ワシントン体制に基づき米英とも協調した対応をとっていた。しかし、こうした対中宥和(ゆうわ)の国際協調主義は、これまでの日本の大陸政策とは根本的に異なり、国民からは軟弱外交として非難の的になった。これについて、外交官で外交史家の岡崎久彦は、「古今東西どの国でも、対外強硬策のほうが国民の受けがよい」と述べている。

しかし、幣原の協調外交を批判したのは国民世論だけではない。シベリア出兵を推進した伊東巳代治は当時枢密顧問官をしており、枢密院での討議で、無抵抗主義は日本帝国の威信を傷つけるものだとして幣原外交を痛罵(つうば)している。

対中不干渉主義と米英との協調を骨子とする幣原外交は、そういう意味では国内世論の大勢の支持を受けていたわけではなかった。それでも日本が国際的孤立に陥ることを防ぎ、中国の領土保全というコンセンサスを守って中国との関係を改善することが日本の国益にかなっている、という分析と判断に基づき断固として政策を貫いたところが、幣原外相の立派なところだろう。国民世論や国民感情に流されてしまうのでは、政治、外交の指導者とは言えない。ただの無責任なポピュリズムでしかないのである。

高まる「覇権」への機運

しかし、残念ながら1920年代後半になって、対中不干渉や対米協調といった日本の外交政策は一時的なものだったことが示されていく。同時に、極東地政空間の法的秩序の構築を試みたワシントン体制が崩壊していった。政治学者の北岡伸一はその原因を、1920年代後半になってワシントン体制を可能にしていた条件が崩れていったためだとして、主な要因として以下の三点を挙げている。

まず、中国のナショナリズムが高まるとともに、国民党による北伐が成功し、中国の統一がなされたこと。それに伴い、中国は日本の利権の核心であった関東州や満鉄の返還まで要求し始めたこと。第二に、成立間もないソ連が軍事強国として復活してきたこと。最後に、1929年の世界大恐慌によりアメリカとの経済関係が悪化したことである。

つまり、中国の力が強まり、同時に北からソ連の脅威が高まっていく中で、アメリカの経済的影響力が低下していったということである。これは、極東の地政空間におけるパワーバランスが、1910年代後半の時期と比べて大きく変化したことを意味する。すなわち、中国が潜在的アクターとして勃興し、ソ連が再びアクターとして出現する一方で、アメリカやイギリスの勢力が後退したということだ。

ここにきて、日本としても大陸における権益の擁護のために、より直接的で積極的な行動をとるべきだという機運が高まった。それが日本の間接的な満洲支配の要であった張作霖を排除することで、日本が満洲を直接支配して完全な勢力圏を築き、極東に日本の覇権的秩序を構築しようとする動きにつながっていく。

黙認されていた満洲国の独立

まず、1928年6月、関東軍は河本大作(こうもとだいさく)大佐による謀略、すなわち張作霖爆殺作戦を実行する。「満洲某重大事件」と呼ばれた事件である。

関東軍と陸軍部内の強硬派によるこの事件は、田中義一政権を失脚させた。政府の意向を無視し、昭和天皇を激怒させたにもかかわらず、陸軍首脳部はこの暴走を事実上不問に付している。もはや規律も何もなくなったと言わざるを得ない。軍事組織に正常な統制が働かないという事態は、国家にとっての危機的状況だろう。国家そのものが機能不全に陥ってしまった。

この事件の背景には、北伐に乗り出した国民党軍が華北に迫ってきたことを受け、当時華北一帯を支配下に置いていた張作霖に対して、衝突を避けて満洲に撤退するよう日本が勧告したことがある。日本は満洲経営のために張作霖という現地支配の仲介者を温存する考えだった。そのための勧告であったにもかかわらず撤退中の張作霖を爆殺したのだから、一体何がしたかったのかという話である。結果、張作霖の奉天軍閥を引き継いだ息子の張学良が国民党に合流してしまった。

こうして日本は自ら満洲経営に乗り出す他なくなった。1931年9月には、関東軍の謀略によって満洲事変が勃発し、速やかに事変の拡大が進められた。32年2月にはソ連の勢力圏である北満洲に進出してハルビンを制圧、32年初頭には東三省（満洲）全域を支配下に置き、1932年3月には関東軍が主導して満洲国を建国してしまった。日本政府は当初こうした動きを認めず、時の犬養毅政権は満洲国の即時承認を避けたが、結局9月には斎藤実内閣が満洲国を承認した。日本政府は関東軍の暴走をコントロールできず、軍に引きずられ、それを追認してしまったのである。

しかし、北満洲の勢力圏を侵害されたソ連は、この時点では第一次五か年計画（1928〜32年）の最中にあたり、国力増進に向けて内政に注力していたため、対外関係では緊張を回避しようと、日本に対して不可侵条約の締結を提起した。ソ連は1932年には、フィンランド、ポーランド、フランスなど周辺各国との間で不可侵条約を締結している。米国はスティムソン・ドクトリンを発出して日本の行動を不戦条約違反として非難し、実力による不法な現状変更は認められないという不承認原則を打ち出したが、それ以上の行動には出なかった。

この時点で日本は、満洲において覇権的地位を確立したと言える。この覇権は国際社会によって形式的には認められることはなかったが、実質的には認められたと言ってもよい状況であった。

どういうことか。まず、先に挙げたスティムソン・ドクトリンは不承認原則を打ち出したし、国際連盟が組織した日支紛争調査委員会（リットン調査団）は、満洲事変以後の日本の軍事行動は自衛行為とは認められず、また満洲国の独立は承認できないとした。

一方で、ソ連はすでに述べたように日本に対して不可侵条約の締結を持ちかけている。これは事実上日本の行為を認めたということだ。またリットン調査団報告書は、満洲国の独立は認められないとしつつも、満洲事変以前の状態に回復することも現実的ではなく、外国軍部隊を撤退させ、自治政府を樹立してそれを列強の共同管理下に置くとともに、日本人を中心とした外国人顧問を適当数任命すべきとしている。また、満洲の発展に果たした日本の役割を認め、門戸開放を原則としつつも日本の既存の利権は保護されるべきとした。これもまた、名目的には満洲国の独立を否定しながら、実質的には満洲における日本の事実上の特殊利益を認めたものと言えるだろう。

リットン調査団(写真提供/PPS通信社)

このように、満洲国の独立と、事実上の日本の覇権の確立は、ある程度までは「既成事実」として認知された。一方で、法的には武力行使が自衛権の行使と認められない以上、正当とは認められなかった。つまり、日本による満洲支配は、法的秩序としては破綻していたが、権力的秩序としては確立されていたということである。

リットン報告書に見る当時の政治的現実

リットン調査団報告書は、第三者の立場から満洲国をめぐる国際政治の現実を評価したものだ。委員の構成は、列強である米英仏独伊の五か国から一人ずつであり（マッコイ少将（米）、リットン伯爵（英）、クローデル中将（仏）、シュネー博士（独）、アルドロヴァンディ伯爵（伊））、イギリスのリットン伯爵が委員長を務めた。日本と中国からは一人ずつ参与委員（アドバイザー）が入った。その他、助言者として米仏、カナダの学者など数名が指名されている。調査団の使命は、各国政府の政治的立場とは一歩離れたところから、客観的に満洲事変を評価することであった。

したがって、リットン報告書は当時の国際政治の考え方を理解するうえで重要な参照資料である。以下、リットン報告書に沿って、極東地政空間に関する列強の委員たちの認識を見てみたい。

第一章は「支那に於ける近時の発展概要」とされ、まさに極東政治の現状認識を示した一章である。ここでの現状認識のポイントは以下のものである。

・満洲は日露の間にあって紛争の中心地となり、互いの要求や政策の遭遇点となっている
・中国は政治的混乱、内乱、社会的・経済的不安による中央政府の衰微が特徴となっており、世界平和にとって脅威であり、経済不況の原因となる
・中国には根本的な改革が必要だったにもかかわらず、改革を望まず、中国の文化と主権を守ろうとした。これは西洋の標準を採用した日本と比較してみると大きな違いである
・北伐が成功したにもかかわらず、中国ではいまなお諸勢力が分裂している
・国民党の勢力は、ナショナリズムに一切の外部勢力に反感を持つというトーンを与えており、その目的は拡大され、「帝国主義的圧迫」のもとにあるアジア民族の解放を謳うに至った。こうした排外宣伝が中国の進歩の障害となり、同時に満洲事変を勃発させる雰囲気を醸成した
・1919年以降、ソ連の影響が強まり、1923年1月の共同宣言で、ソ連は中国の統一と独立を支援するとし、1924年の国共合作につながった
・日本は中国に一番近い国であり、中国の無法状態によって最も苦しんでいる国である

このように、リットン調査団報告書の現状認識は客観的でポイントを押さえたものとなっている。すなわち、満洲は日露中の利害がぶつかり合う場、すなわち地政空間のシアターとなっているという認識である。事実、第二章「満洲」においても、「当初満洲は、そこを占拠すれば極東政治を支配できると考えられたから大衝突の起こる地域であった」としている。また、中国が政治的に分裂し、統治の空白地帯となっていること、一方でナショナリズムの異常な高まりによって極端な排外主義がはびこっていたことで、日本が被害を受け、それが満洲事変の原因となったことも指摘されている。

もう一つ注意しておきたいのは、リットン報告書がソ連の影響力の拡大を指摘している点だ。日露戦争とロシア革命で一旦退いたソ連が、再び満洲及び中国に接近してきているとしている。報告書第二章の末尾ではこの点について、1924年のソ連と北京政府の中ソ協定による国交回復、ソ連と東三省政府（張作霖）との鉄道利権に関する奉ソ協定は、満洲における日露の協調の基礎を粉砕し、極東における日中ソ三国の関係を全く改変したとし、ソ連軍が北満洲国境を越えて攻め込んでくる危険性が再び日本の関心事となったと記している。つまり、北満洲の共産主義と南満洲の国民党の排日宣伝が手を結ぶことを懸念せざるを得なかったのである。

リットン調査団は、このようにソ連の影響力を現実のものとして認識しており、地域の永続的な平和のためにはソ連の利益も尊重するべきと提言している。報告書には「満洲においてロシアの演じた役割」「東支鉄道の所有者」、隣接する「領土の所有者」として「この地域においてソ連がもつ大きな利益を看過することはできない」とし、「ソ連の重大利益を無視した解決法はかえって将来における平和を乱す危険がある」と記されている。

この指摘もまた核心をついており、実際に第二次世界大戦最末期のソ連参戦につながっていくものと見ていいだろう。

報告書が示す現実主義的な解決指針

報告書の第九章「解決の原則および条件」では、満洲の政治的特殊事情についての重要な認識が示されている。重要なので、少々長いが引用しておきたい。

「問題は極度に複雑だから、一切の事実とその歴史的背景について十分な知識をもったものだけがこの問題に関して決定的な意見を表明する資格があるというべきだ。この紛争は、一国が国際連盟規約の提供する調停の機会をあらかじめ十分に利用し尽くさずに、他の一国に宣戦を布告したといった性質の事件ではない。また一国の国境が隣接国の武装軍隊によって侵略されたといったような簡単な事件でもない。なぜなら満洲においては、世界の他の地域に類例を見ないような多くの特殊事情があるからだ」

「単なる原状回復が問題の解決にならないことは、われわれが述べたところからも明らかだろう。本紛争が去る九月（柳条湖事件〔＝満洲事変〕）以前における状態から発生したことを思えば、その状態を回復することは紛糾を繰り返す結果になるだろう。そのようなことは全問題を単に理論的に取り扱うだけで、現実の情勢を無視するものだ」

（『全文リットン報告書』渡辺昇一編より）


いかがだろうか。調査団が示すのは、中国の門戸開放原則やパリ不戦条約に違反しているとして、単に「理論的に取り扱」って原状回復を求めるのは現実を無視するものであり、紛糾を繰り返すことになるという極めて現実的な認識である。結局日本はリットン調査団の提言を受け入れられず、国際連盟を脱退するに至るが、この報告書に示された認識自体はかなりの程度客観的であったと言える。

1930年代という戦間期において、国際紛争の解決がどのように試みられていたかをリットン報告書は示してくれている。**紛争に至るにはそれぞれに固有で特殊な事情があること、そうした事情を無視して理想主義や原則に固執した主張を行うことは、問題の解決につながらない**ことを教えてくれているのだ。また、平和と安定を回復するためには、無理矢理に原状回復をするだけではだめであり、現実の利権や力の配分に配慮した、新たな協定の締結を含む体制の構築が必要だと主張している。

リットン提案とミンスク諸合意の比較

リットン報告書が示した現実主義的な解決指針は、現在の国際情勢にも大いに当てはまるものだ。特に、ウクライナ紛争におけるクリミアやウクライナ南東部の問題には、極めて複雑な歴史的、文化的、政治的事情があり、それらを無視して単なる原則論や原状回復を主張するだけでは、何の解決にもつながらない可能性が高い。

その意味では、2014年及び15年に独仏の仲介努力によってかろうじて成立したミンスク諸合意は、ウクライナ東部における親露派勢力とウクライナ軍との軍事衝突を停戦に導くことを主眼としつつ、国境線の回復と外国軍部隊の撤退という治安条項、住民による選挙を行って東部に一定の自治を認めるという政治条項を置き、現実の情勢に配慮した解決を目指している。まさにその点で、リットン報告書が示した提案とその精神を同じくしていると評価できる。

しかし、ウクライナ側はミンスク諸合意による解決に後ろ向きになっていき、合意は事実上無効化してしまった。そこにウクライナのＮＡＴＯ加盟問題が火をつける形で、ついにロシアがウクライナ侵攻に踏み切ったのである。当初ロシアは東部地域（ドンバス）を併合するつもりはなく、ウクライナの主権下で自治権を認められた地域とすることを望んでいた。これはミンスク諸合意の内容そのものであるが、ウクライナはこの諸合意に基づくと、東部地域にロシアの影響が残る可能性が高いことを懸念した。その結果、ミンスク諸合意に基づく解決が望めないと判断したロシアは、２０２２年２月、まずドンバスの独立を承認し、９月にはついに併合を宣言するに至った。

満洲が日露中の利害が衝突するシアターであったように（リットン報告書には明示されていないが、実際には門戸開放という名の下にアメリカの利害も非常に大きくなっていた）、ウクライナはロシアとアメリカ、そしてＮＡＴＯの利害が衝突するシアターと化してしまったのである。

ここにともに登場するアメリカという国は、見た目以上に厄介な存在である。厄介というのは、通常我々日本人が思っている姿と、現実の姿との乖離(かいり)が大きいという意味である。ひと言で言えば、この両方の事案においてアメリカは現状変更勢力であった。

ここで再び、本書の第二章で取り上げた帝国主義政策と現状維持政策に関するモーゲンソーの議論を思い出していただきたい。帝国主義政策とは、自国に有利になるような形で力のバランスを覆そうとする政策である。

満洲は日露戦争以後、日本及びロシアの勢力圏に置かれていた。そしてロシア帝国崩壊後は、事実上日本の勢力圏にあった。これに対し、アメリカは鉄道などへの参入を求めてワシントン体制を構築し、中国の門戸開放の名の下に日本の既得権益を切り崩そうとしてきた。満洲の発展に日本が果たした役割や満洲における日本の正当な利権については、リットン報告書が認めているとおりである。自衛権を主張する日本の武力による解決が正当化されるかどうかは別問題ではあるが、こうした極東における日本の優勢な立場に対して、アメリカが事実上分裂状態にあった中国を支持する形で対抗しようとしていたのは事実である。少なくともこの時点においては、アメリカの方が現状変更勢力であったと言うべきである。しかし、結果的に戦争を経て、現状は変更されてしまい、日本の極東における勢力は排除されてしまった。

ウクライナはどうか。ごく短時間の一時期を除いて歴史的にロシア帝国及びソ連の一部であったウクライナ地域は、国家としてはソ連崩壊後に初めて成立した。それ以後、多少の紆余曲折はありつつもロシアの隣国として事実上ロシアの強い影響下にあったと言える。それがEUやNATOの拡大の影響を受けて、ウクライナが西欧派とロシア派に分裂していき、欧米はウクライナのユーロ・アトランティック（欧州大西洋地域）への転換を支持したのである。武力によるものではなく、ソフトパワーによる現状変更の試みである。

つまり、力による現状変更は許されないが、政治的な現状変更は許されるということになる。しかし、政治的であれ何であれ、現状変更の政策はモーゲンソーの言うところの「帝国主義政策」に他ならない。なぜなら、それは結局は相手国の利権や安全保障を脅かし、反発を惹き起こし、最終的には衝突に至ることに変わりないからである。

前述のスティムソン・ドクトリンを提唱したスティムソン国務長官は、満洲で関東軍が事変を拡大していくのを注視しながら、日記に「日本はもはやコントロール不能の狂犬のもとに権力が渡った」「日本軍はほかのどの組織よりハードボイルドである。世界の意向を無視して突き進むことが可能だと考えている」などと記している。ここでいう「世界」というのがどの国を指しているのかはわからないが、おそらくは米英なのであろう。

こうして、日米対立の構図はますます固まっていった。しかし、同時にソ連との緊張も高まっていき、日本は完全に外交的に孤立することになった。

睨み合う日本とロシア

満洲事変後の1931年12月末にはソ連側から日ソ不可侵条約の締結打診があったが、これに対して日本は、三国（日本、満洲国、ソ連）で国境委員会を設置することを逆提案している。日ソ不可侵条約締結に強く反対したのは陸軍であって、陸軍には不可侵条約の締結は日本の対ソ警戒を弛緩させるためのソ連の手段だと認識されたという。その結果日本は、不可侵条約の締結ではなく、国境の明確化によって紛争を回避しようと考えたのである。事実、満洲事変以降、満ソ国境付近では小規模紛争が多発していた。

この小規模紛争にはソ連側も強い警戒心を抱いていた。1932年3月4日付の「イズヴェスチヤ」は「ソヴィエト連邦と日本」という論説で、満洲事変以後、日本はソ連国境を圧迫していると非難し、ソ連は国境侵犯を許さないという意思を示している。

国境紛争は、1932年から34年までは小規模紛争期と呼ばれ、紛争の数は合わせて1

国境紛争の多発していた地域

50近くに上った。35年から36年は中規模紛争期と呼ばれ、紛争は一層激化し、2年間で328件以上に上っている。続く37年から39年は大規模紛争期と呼ばれ、38年の張鼓峰事件、39年のノモンハン事件で頂点に達した。

しかし、紛争が多発する一方で、日本側が提案していた国境委員会の設置に関する交渉は思うように進まなかった。これは双方の信頼関係の欠如が大きな原因であったと考えられる。かつての日露協約のような勢力圏境界に関する相互了解がまだ成立しておらず、ソ連は満洲事変以後の日本の膨張政策を強く警戒せざるを得なかったからである。また、日本がソ連を対象としたドイツとの防共協定交渉を進めていたことも、ソ連側の不信感を高めていた。36年11月には日独防共協定が締結され、ソ連は強い不快感を表明している。

「欧州の天地には複雑怪奇の現象」

こうした状況に変化を与えたのは、1939年8月の独ソ不可侵条約の締結だった。日独防共協定においてドイツと対ソ連で連携していたつもりの日本は強いショックを受け、当時の首相平沼騏一郎(ひらぬまきいちろう)は「欧州の天地には複雑怪奇の現象を生じ」と言って総辞職してしまった。そして、独ソ不可侵条約を締結したドイツは9月にポーランド攻撃を開始し、英仏がドイツに宣戦布告することで、ついに欧州において第二次世界大戦が勃発する。

1930年代の日本は国際政治の世界で孤立状態にあったため、外交方針が定まっていなかったと言える。また軍部の独走や政治的影響力が強くなり、一貫して戦略的に外交を展開できなかったのも問題だった。

日独防共協定の締結は、極東地政空間におけるソ連の牽制のために欧州のドイツと提携するという一種の離れ業であった。これによって日本は遠く欧州の地政空間の問題に関与することになり、外交問題は複雑性、予測不能性を高めていき、もはや事態を的確に把握

同盟署名後の三国代表（左から来栖三郎駐独日本大使、アドルフ・ヒトラー独総統、ガレアッツォ・チアーノ伊外相）［写真提供／PPS通信社］

してコントロールすることができなくなっていったのである。ここに外交上の方針に選択ミスがあったと言えるだろう。結局、日本は時流に流されるように、近衛文麿内閣の日独伊三国同盟締結に向かっていく。

三国同盟の背後に見えるソ連の存在

そもそも三国同盟は、松岡洋右外相や近衛首相の思惑では、ソ連との提携のための手段であった。そして、独ソと提携することで日本のアメリカに対する安全保障は確保されると考えたのである。それが結果的に思惑とは反対に働いたところに誤算があったというわけだ。

松岡は外務省顧問の斎藤良衛にこう語っている。

「僕の握手しようとする当座の真の相手は、ドイツでなくしてソ連である。ドイツとの握手は、ソ連との握手のための方便にすぎない。（中略）独、ソ両国は、独ソ不可侵条約締結以来、極めて良好な間柄であるから、ドイツの仲介によって日ソ関係を調整しうる見込みがある。独ソを味方に付ければ、いかな米、英も、日本との開戦を考えようはずがない」

また近衛も、独ソと結ぶことで「初めて英米に対する勢力の均衡が成り立ち、この勢力均衡の上に、初めて日米の了解も可能となるであろう」と書いている。

また、ドイツ側でもリッベントロップ外相は四国同盟を構想していた。こうしてドイツ側は日本側に対して、日ソ親善を仲介すると言って三国同盟を呼びかけたのである。ドイツとの提携はアメリカとの関係を悪化させるとして反対していた日本の海軍も、四国同盟構想で対米抑止が完成すると説得されて、三国同盟に賛同するに至った。三国同盟第五条は、ソ連との間に現存する政治的状態に何らの影響も及ぼさない旨を確認するものとなっている。

しかし、肝心のソ連は、日本側の誘いにも、ドイツ側の誘いにも容易には乗らなかった。三国同盟に向けたドイツのメリットは、対英戦で苦戦していたドイツが、イギリスの力を削ぐために極東で日英戦争を勃発させたいと考えたところにあった。ある意味ではこうした戦略に日本が利用されたにすぎない。実際には、独ソ関係は双方の政体上、本質的に相容れないものであって、永続的に提携可能だとは独ソ双方ともに考えていなかった。

一方、日本は日本で、欧州戦線で快進撃を続けるドイツとの関係を強化しておけば、英仏が降伏した暁には（アメリカの参戦がない限り）、極東において英仏植民地の利権配分を有利にできるだろうとの思惑があったとされる。

1940年9月の日独伊三国同盟締結後、日独伊三国同盟に、ドイツと不可侵条約を結んだソ連を加えて、日独伊ソの四国同盟という構想を抱いた松岡外相は、1941年4月、直接ソ連に乗り込み、スターリンとの間で日ソ中立条約を締結することに成功した。

その際、日本はモンゴルの、ソ連は満洲国の領土保全と不可侵を尊重するという声明を発表している。これはつまり、双方の勢力圏を改めて認め合うということであり、その点ではかつての日露協約の再現のようなものであった。日ソ間では満ソの国境紛争が多発し、これをいかに安定化させるかが喫緊の課題だったことから、互いの勢力圏を確認できたことは大きな成果ではあった。

しかしながら、実際にはその効力は5年も続かなかった。1945年4月、ドイツの敗北が確実視され、この日ソ中立条約が不要になった途端、ソ連は中立条約の破棄を通告し、対日戦争に参戦したからである。ただし、この点については日本にも対ソ開戦の考えがなかったかというと、そうとも言えない。独ソ戦開始直後の1941年7月2日の御前会議で決定された「情勢の推移に伴う帝国国策要綱」では、南部仏印進駐とともに、北方に対して密かに武力的準備を整え、独ソ戦の推移がドイツ側に極めて有利に進展した場合には、北方に武力行使を行うことが定められているからである。日独ソの提携を主張し続けてきた松岡外相は、早々にソ連と開戦し、極東シベリアを押さえよと主張する始末であった。

「アジア・モンロー主義」とは何か

日本を中心的パワー（覇権国）とした極東地政空間の権力的秩序を構築するという日本の戦略は、イデオロギーとしては「アジア・モンロー主義」と呼ばれる考え方に現れている。アジア・モンロー主義とは、アジアにおける日本の覇権的立場を意味し、日本の了解のない第三国からの干渉は認めないという考え方である。

例えば、外務省情報部長であった天羽英二（あもうえいじ）は、1934年4月、欧米列強の中国に対する共同行動には原則として反対するという声明を発表し（天羽声明）、アメリカなどの強い反発を買っている。

そもそもこうした極東の覇権を目指すという野望は、日露戦争に勝利するまでは現実に可能な戦略として現れようがなかった。その意味で、アジア・モンロー主義とは日露戦争中の1904年10月の、大隈重信による演説にまで遡ることができるのではないだろうか。

「東亜の平和を論ず」と題された演説において、大隈は次のような趣旨のことを述べている。戦争に勝利したとしてもすべてのことが決せられるわけではない。世界には米英仏独露墺伊の七大国があり、ほとんど戦国のありさまだ。そこで日本が第八の大国として列強に認識されることで、世界の全ての問題に対して日本帝国の発言権を十分に持ちたい。そのためにまず東アジアに対して「十分なる権力」を持ちたい。そうすれば、アメリカのモンロー・ドクトリンのように、東アジアにおいて日本政府の認めない「わがまま」は、いかなる強国も行えないようになるだろう。そして、日本が中国を「治療」して復活させ、日本が極東における「平和の保障者」となる——。そう大隈は豪語した。

これがアジア・モンロー主義、「大隈ドクトリン」とも呼ばれたものであり、極東におけ

大隈重信（1838～1922）

る日本の覇権的地位を主張したものである。「平和の保障者」というところなどは、〝パクス・ジャポニカ〟ともいうべきもので、帝国の理念そのものだ。なお、ここで帝国というのは、パクス・ロマーナのような「普遍的」理念に基づく世界平和というような意味であって、モーゲンソーの言う、現状変更政策としての帝国主義政策とは関係ない。

また、日露戦争の講和交渉直前の１９０５年７月、金子堅太郎はローズヴェルト大統領の私邸に招待され、大統領から「日本モンロー主義」の妥当性について聞かされたという。ローズヴェルトは、日本が将来アジアに対してモンロー主義を採用し、欧州のアジア侵略を阻止して、アジアの盟主となって新興国の独立を導くことができるという趣旨のことを述べている。このことは、日本のみならずアメリカにおいても、日露戦争が極東における覇権、すなわち肯定的な意味での秩序構成的パワーを決定する争いとみなされていたことを示している。

大隈の言うアジア・モンロー主義のような考え方は、日露戦争を機に広く論じられるようになり、その後の日本の対外政策の基調となった。

例えば、第一次世界大戦の終結に伴うパリ講和会議に際して、全権である西園寺公望（さいおんじきんもち）に随行した近衛文麿が、その直前に発表した論文「英米本位の平和主義を排す」（１９１８年

12月）にも、同様の考え方が見られる。近衛は「自己の正当なる生存権を蹂躙せられつつも尚平和に執着するはこれ人道主義の敵なり」とし、英米人の主張する平和は「自己に都合よき現状維持」に過ぎず、「自己の野心を神聖化したるもの」であると辛辣である。ここには、直接的なアジア・モンロー主義的な主張は明示されてはいないが、英米が享受する特権を維持しようとしていることに反発し、日本の権益の拡大を正当化しようとする考えが示されている。

つまり近衛は、アジア・モンロー主義的立場を擁護し、極東における日本の権益を正当なものと考え、そうした日本の立場を非難する英米の「平和主義」なるものを、結局は自己の既得権を守ろうとする詭弁に過ぎないと言っているのだ。

こうした主張は研究者の中にも共有する者が少なくなかった。満洲事変後の１９３６年12月、「外交時報」において、事実上の外務省法律顧問であった国際法学者立作太郎は、アメリカのモンロー主義は普遍的、理想的なものではなく、アメリカの利益を中心とした「実際的政治的隔離主義」だとし、アメリカは自分の「縄張」の中には他国が立ち入ることを許さないのに、自分は何の遠慮もなく他国の「利益地域」に立ち入ってくると非難している。

こうしたアジア・モンロー主義的な考え方は、満洲事変後には一層日本で浸透していった。1933年10月の五相会議の対外方針では、「帝国の指導の下に日満支三国の提携共助を実現し、これにより東洋の恒久的平和を確保し」「世界の平和増進に貢献するを要す」とされ、1934年1月の広田弘毅外相の議会演説では、「日本は東亜の平和維持に全責任を負う」と述べられている。このように、極東における日本の指導的立場による平和が強調されている。

こうした思想が、東亜新秩序や大東亜共栄圏の構想へとつながっていった。

東亜新秩序――アジア・モンロー主義が行き着いた先

1938年10月、グルー駐日米国大使は、日本が中国の門戸開放・機会均等の原則を守らず、アメリカの権益を侵しているとする抗議文を送付した。これに対して、同年11月18日に近衛政権の有田八郎外相が送った回答書には、日本は極東で「真の国際正義に基づく新秩序の建設に全力を挙げて邁進しつつ」あり、満洲事変以前なら適用されるべき原則は、現在の問題の解決にも東亜の平和の確立にも役に立たないと記している。これは、これまで日本を含む列強が前提としてきた中国の門戸開放政策を、完全に否定するものであった。

またこの直前の11月3日、近衛首相は東亜新秩序に関する声明を発表している。それによれば、日本は「東亜永遠の安定を確保すべき新秩序の建設」を希求し、これこそが対中戦争の目的であるとされた。北岡伸一はこの新秩序について、突っ込んだ検討もなく、実現のための方法論もなく、理想をもてあそんだに過ぎないと厳しく評価しつつ、確かなのは、これまで曲がりなりにも堅持されてきた門戸開放・機会均等の原則や主権国家対等の原則は、近衛政権の念頭になかったということだとしている。

これは日本政府が極東地政空間において、列強による利益の配分・共有（これが門戸開放の意味）を基礎とした均衡ではなく、日本による覇権的秩序を追求することを、明確に対外的に宣言したものと言える。

これに対して12月、アメリカは、いかなる国もその主権に属さない地域の新秩序なるものの建設を指図する資格はなく、門戸開放の原則を無視する新秩序は認められないとして、日本を強く非難した。

こうしたアジア・モンロー主義と、その行きついた先である東亜新秩序という思想は、極東地政空間における日本の覇権による権力的秩序の構築を基礎づけ、正当化する一種の観念的な（突っ込んだ検討も方法論もない）イデオロギーとなっていったのである。

極東の「アクター」から降りた戦後日本

ここまで、日本が近代化していく過程を「極東の地政空間の変容」という視点から見てきた。改めて振り返ってみると、日本は日清戦争によって清国を中心とした極東の権力的秩序を最終的に崩壊させたことで、自らがシアターとなることを回避しようとした。すなわち、朝鮮という「利益線」を確保したのである。

その後、日露戦争での勝利によって朝鮮に対する日本の支配をさらに強固なものとし、さらに南満洲に権益を確保するに至る。ただ、これが日本の極東における覇権に結びついたかといえば、そうではない。日露協約によって日本とロシアは満洲と外・内蒙古の勢力圏を定め、互いの均衡の上に権益を相互に認め合ったからである。同時に日露の提携により、アメリカの鉄道利権への参入（ノックス提案など）を排除しようとしたという点では、すでに排他的な権益に対する志向は示し始めていた。

日本一国による覇権、すなわちアジア・モンロー主義（日本モンロー主義）の追求が現実のものとなるのは、中国の内乱とロシア帝国の崩壊によって極東地政空間に力の空白が生じたためだった。日本は多国間の均衡による不安定で流動的な状態よりも、覇権の確立により安定的な秩序の確立を志すようになった。そうした対外政策が、「東亜新秩序」という言葉によって表現されたのである。

しかし問題は、日本一国の国力によって、極東の地政空間に安定的な権力的秩序を打ち立てることは、現実的な目標ではなかったということであった。

第二次世界大戦で敗戦国となった日本は、極東地政空間の秩序構成的パワーどころか、アクターとしても消滅してしまった。戦後の極東におけるアクターは米中ソ三か国のみとなった。１９９１年のソ連の崩壊により、一時ロシアが衰退したとはいえ、基本的にこの現実は21世紀の今も変わっていない。そして、かつては満洲が主たるシアターとなっていたが、戦後は朝鮮半島がシアターとなっている。すなわち、南北朝鮮の分断である。日本がシアター化を免れたのは、アメリカ一国によって占領されたからだ。実際の占領者は連合国軍だったが、司令官のマッカーサーをはじめ、基本的にアメリカ支配であった。実は、アメリカでは連合国による日本の分割統治案も検討されたが、実現には至らなかった。もしも分割統治が採用されていれば、日本は間違いなく朝鮮やドイツと同様にシアターとなっていただろうし、今でも分断状態が続いていたかもしれない。

しかし、少なくともロシアからは真の主権国家ではなく衛星国と見なされている日本が、潜在的なシアターであることに変わりはない。それが、戦後日本の基本的な国際政治上の立場である。

日ソ国交回復の真の意味

日本はアメリカの従属国になることで、極東地政空間のシアターとなることを回避した。日清戦争前後の朝鮮が清国に寄りかかり、次にロシアに寄りかかったのと同様である。しかしながら、朝鮮にとってはいずれの国も頼りにならず、日本に併合されてしまった。では、日本にとってのアメリカはどうだろうか。現時点では十分に信頼に足る国であると言える。少なくとも、ソ連からの介入は抑止してきたからである。

日本は１９５１年にソ連や中国など一部の国を除く国々と講和条約を締結し、独立を果たした。同時に日米安保条約を締結することで、米軍の日本駐留を認めた。一方、ソ連との国交回復は１９５６年まで待たなければならなかった。ソ連は米軍が日本に駐留している事態、すなわち日本がアメリカの影響下に置かれている状態を認めたくなく、日本の国連加盟にも反対していた。

つまり、１９５６年の日ソ国交回復の真の意味は、単にソ連との間で戦争状態を公式に終結させたという二国間の関係にあるのではなく、日米安保条約体制、すなわち、日本がアメリカの衛星国である現実をソ連が受け入れたということにある。その意味では、北方四島をめぐる交渉もその文脈で理解しなければならない。ヤルタ秘密協定が有効かどうか、日本が放棄した千島列島に北方四島は含まれるかといった法的問題は、この際、本質ではないと言っても過言ではないだろう。

重要なのは、日ソ国交回復によって、**ソ連は日本におけるアメリカの支配という現実を受け入れ、その現実に沿って安全保障を考えている**ということである。日本がアメリカの影響下に置かれる以上、北方四島、特に択捉島と国後島（くなしり）は、サハリンと並んで、日本とアメリカに対する国防上重要な戦略的な島となったと考えられる。

ソ連がこうした現実を受け入れて日本との国交回復に向かったのは、もはやアメリカの日本に対する「支配」が動かしがたいものと認識し、それを認めたほうがアメリカとの安定的な均衡（宥和ではない）を図ることができると考えたからだろう。結局、極東においてもアメリカとの対峙は避けられないのであれば、日本と国交を回復した方が対外政策の選択肢は増えるのである。

同様のことは、アメリカが中華人民共和国を承認したことにも言える。戦後、台湾に逼（ひっ）

塞した国民党政権による大陸中国の回復が見込めない以上、アメリカにとって中国共産党との関係を築くことが、極東の均衡を図るために不可欠であると認識したのである。それは60年代終盤に生じた中ソ対立を受けて、中国との関係改善をテコに、ソ連との関係を改善しようとするものであった。当時米大統領であったニクソンは「アメリカ、ヨーロッパ、ソ連邦、中国、日本がそれぞれ強くて健全であり、しかも互いに対立しあうのでなくバランスを保つことになれば、世界はより安全でよいものになるだろうと考えている」と述べている。また、ニクソンの安全保障担当補佐官だったキッシンジャーは、中国のように大きな国を外交上の選択肢から除外することは、自らの片腕を縛って行動することだと考えた。ニクソンは「我々は中国を忘れてはならない」と述べている。

日本に決定権のない北方領土問題

北方領土に話を戻すと、日ソ国交回復が、日本のアメリカへの従属という現実をソ連が受け入れたことを意味するのであれば、北方領土問題は日露間の問題というよりも、米露関係の問題系に属するということである。そもそもクリル諸島（千島列島）をソ連に引き渡すことをヤルタ会談で認めたのは米英首脳だったのである。こうして、ソ連／ロシアは北

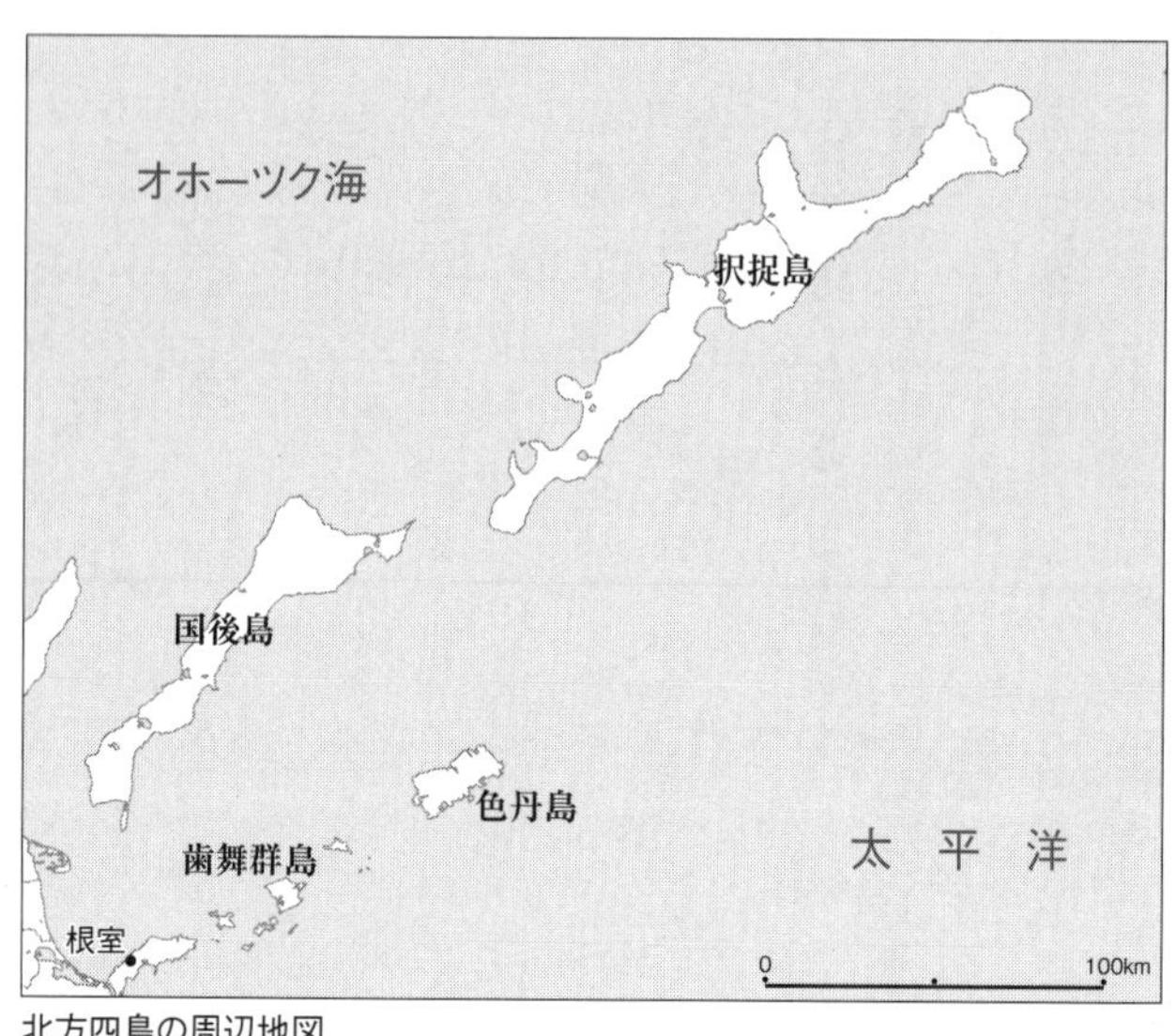

北方四島の周辺地図

方領土（より正確には歯舞群島、色丹島の二島）を日米同盟に揺さぶりをかけるためのテコとして考えることになった。言い換えれば、アメリカが日本に軍を駐留させるのであれば、ロシアは二島を手放さない。二島を返してほしければ、アメリカとの関係を清算せよというわけだ。その意味では、残念なことではあるが、日本がアメリカの衛星国である以上、日本には北方領土問題に関して本質的に決定権がないのである。

これは、1956年の平和条約交渉時に、色丹島、歯舞群島の二島返還で重光葵（しげみつまもる）外相が手を打とうとした際に、アメリカのダレス国務長官から、日本が国後島と択捉島をソ連領として認める場合には、アメリカは沖縄を永久に領有すると述べた話を想起すればわかる（ダレスの恫喝）。また、1960年に日米安保条約が改定された際、ソ連のグロムイコ外相は覚書を発し、「日本領土からの全外国軍隊の撤退およびソ日間平和条約の調印を条件としてのみ、歯舞および色丹が日本に引き渡される」と述べたことも同様である。

一方でアメリカは、日米安保改定後の同年5月31日付の国家安全保障会議文書「米国の対日政策のステートメント」（NSC6008/1）において、「日本が中ソ・ブロックに対するその正当な領土、漁業、その他の要求を出し、中立化や政治的譲歩を求める中ソの圧力に抵抗するよう支持し、激励する。クリル諸島と南サハリンに対する主権を求めるソ連の主張に譲歩しない」とした。

このように**北方領土問題は、主権に関わる問題という以上に、安全保障上の問題であり、さらに言えば、米ソの均衡に関わる問題なのである。**

極東地政空間における米露の戦略

ソ連は極東地政空間からアメリカの影響力を排除しようと試み、アメリカは日本が中ソ・

ブロックに接近することを阻むことで自身のプレゼンスを日本を通じて確保しようとした。そしてニクソン政権時には、中国共産党政権を承認することで、米中ソによる均衡を極東に実現しようと考えた。

つまり、アメリカの極東戦略は、どこか一国による覇権の確立を阻止し、自らのプレゼンスを確保しながら、対立ではないバランスを維持することであると言える。かつてその潜在的覇権国は大日本帝国であり、アメリカはロシアと共同で極東地政空間における日本の覇権を打ち砕いた。その後、日本に代わって今度はソ連と対決姿勢をとるようになった。それは、20世紀初頭にはロシアを潜在的覇権国と捉えていたアメリカが、日露戦争で日本がロシアに勝利したことで、今度は日本を脅威として認識したのと同じ構造である。そして、ソ連が崩壊すると、今度は中国を脅威として認識している。**アメリカは極東地政空間に覇権的秩序が確立されることを避けたいのである**。

米国地政学の代表的論者であるニコラス・J・スパイクマンは、第二次世界大戦中の1942年に出版した『世界政治におけるアメリカの戦略――アメリカとバランス・オブ・パワー』(邦題『米国を巡る地政学と戦略』)という著書で、「日本によるこれ以上のアジア征服の危険は回避すべきであるが、日本の軍事力を徹底的に排除して、中国やソ連による西太平洋支配を許すべきではない」と述べ、アジアに関わる列強としての地位を確保するために、アジアにおいて勢力均衡の維持を求めることが米国の国益となると主張している。また、将来的にアメリカの脅威となるのは日本ではなく中国であり、日本を支援すべきだとも主張している。スパイクマンの地政学的戦略は、まさに戦後アメリカの極東政策を的確に予測したものと言えるだろう。

潜在的な「敵国」としての日本

こうした均衡を軸としたアメリカの極東政策に比べ、ロシアの政策はアメリカを追い出すことに主眼が置かれている。それは先に述べた北方領土交渉における対応を見ても明らかだ。安倍政権との交渉の中でも、北方領土が返還されれば米軍基地が置かれるのではないかという懸念を強調し、日本に揺さぶりをかけてきたのは記憶に新しい。つまり、ロシアを取り巻く他の地政空間(バルト海、黒海、東欧平原)と同様に、極東においても覇権的地位を確保したいと考えているのである。

確かに、秩序の不安定な均衡に比べれば、覇権的秩序の方がはるかに安定的であり、望ましいものかもしれない。事実、極東や欧州といった遠隔地では均衡を是とするアメリカも、新大陸（南北アメリカ大陸）では明らかに覇権的地位を確立している。これがモンロー主義というものである。

ここで、日本が降伏文書に署名した1945年9月2日の、スターリンの国民向けの演説に改めて耳を傾けてみたい。

スターリンが、対日戦勝利を日露戦争以来の汚点をそそぐものだと述べたことは本書の第一章でも触れた。しかし、この演説では日露戦争のみならず、シベリア出兵や満ソ国境紛争にも触れている。

演説では、シベリア出兵は日本が極東を占領し、強奪したと表現されている。また、満ソ国境紛争については38年の張鼓峰事件、39年のノモンハン事件に触れているが、張鼓峰事件についてはウラジオストクを包囲する目的だったとし、ノモンハン事件についてはシベリア鉄道を切断して極東をロシアから切り離す目的だった、と主張している。

そして、南樺太と千島列島がソ連に引き渡されたことによって、これらの島々が、ソ連を太平洋から切り離す手段でも、日本の極東攻撃の基地でもなくなり、ソ連を太平洋と直接に接続する手段となって、ソ連を日本の攻撃から防衛するための基地となるのだと述べている。

スターリンの演説をよく読んでみると、戦後日本についてはアメリカの衛星国と見なしているロシアだが、戦前の日本については虎視眈々(こしたんたん)とロシア極東を奪い取ろうと狙い続けてきた敵性国家と見ていることがよくわかる。

つまり、**ロシアにとっての日本とは、アメリカの衛星国としてアメリカの対露政策の同調者、協力者であるか、そうでなければ、ロシア極東を奪おうと狙い続ける潜在的な敵国なのである。**

もしもアメリカが極東政策から手を引いたら

ここで、仮にアメリカが極東政策から手を引くことを決断し、日本との同盟関係を解消したらどうなるのか、想像してみよう。つまり、アメリカは中国やロシアを押さえつける必要を感じなくなり、そうしたコストを払うことが自国の国益に資するものではないと判断するということである。そうして、極東における均衡ではなく、太平洋における均衡に満足し、前線基地を日本ではなく、グアムくらいにまで後退させたとすると、ロシアは、そして中国はどう出るだろうか。

仮にアメリカがいなかったとしても、中国という大国がロシアの極東における覇権を阻むことになるだろう。その場合にはロシアと中国は朝鮮半島、そしてアメリカなき日本を舞台として勢力争いを繰り広げる可能性は排除できない。

確かに、ロシアが短期的に日本に侵攻したりする暴挙を行うことは考えられない。しかし、日本を極東地政空間のアクターと認めていないロシアが、万が一アメリカが撤退した場合に、日本を勢力下に置き、極東でのプレゼンスを高めようとしないとは言い切れない。前項で述べたように、アメリカの衛星国でない日本は、ロシア極東を狙う潜在的敵国だからである。

中国もまた、まずは台湾に進出するだろう。しかし、仮に中国が台湾を押さえたとしても、日本の南西諸島や日本列島がロシアによって押さえられていれば、地理的に太平洋への進出は制限される。

日本列島は大陸を太平洋から切り離すという地理的特徴を持っているため、日本を押さえた方が海洋において優位に立つことは間違いない。中国はロシアと違って日本海に主要な都市を多数持っているため、ロシアに日本列島を押さえられるのはどうしても避けたいし、それを避けるために自分が日本列島を押さえたいという欲求を抱くだろう。

こうした日本に対する中露の獲得競争が始まれば、外交的、軍事的圧力として日本にかかってくる。最もありうべき選択肢は、中露が日本を南北に分割して分かち合うことだ。「日本分割」とでもいうべきこの事態は、先に述べたように、戦後の日本占領政策の一案としてアメリカによって検討されたことを想起したい。

ただし、こうしたシナリオは、ロシアのウクライナ侵攻とは直接的には何の関係もない。これは日本を取り巻く極東地政空間の内部の政治力学の問題だからである。現在、アメリカに従属することで日本はシアター化することを回避しているが、今後日本が極東の均衡の一極となるべきアクターとしての「資格」を回復できない限り、中露の侵略を誘引する可能性があるのである。これは、日露の歴史において、朝鮮半島や満洲をめぐって、獲得競争を繰り広げたのと同じである。先に取った方が優位に立つのだ。

第四章　日本の国防を考える

——可能性としての戦争を生き抜くために

「たとえ平和論でも超絶対主義は困ります。戦争が起きたら、すべては水泡に帰するという考えかたは、戦争に敗けたら日本人は生きるかいなしとおもいつめた国粋主義者のそれに似ています。第三次戦争が起きても、原水爆が破裂しても、私は人間に絶望しません。たとえ平和が崩れ去ったとしても、いや、明日、崩れることがわかっていても、今日は生きなくてはならないのです」

——福田恒存『平和論にたいする疑問』

本書では明治期以後の日本の行動を、「極東の地政空間におけるアクター」という視点から考察してきた。この視点からすれば、太平洋戦争における敗北によって日本の地政学的立場や極東地政空間が消滅したわけではないことがおわかりいただけると思う。軍国主義化していた戦前と、平和国家としての戦後を画然と分けて考えることは当たり前のように思われている今日だが、極東の地政空間はそのアクターもシアターも、長い目で見ればほとんど変わっていない。日本がアクターから潜在的なシアターになったことを除いては。

つまり、二度の世界大戦と冷戦を経た現在もなお、大国の侵すところとならない日本を建設するという課題は明治期の日本と共通した問題意識であり続けている。しかし、その方法は勢力圏の拡大でも、国力を無視した軍備でもないはずだ。

では、今なおスピノザ的世界観に支配された国際政治の中で、極東の複雑な安全保障環境を生き抜くために、どのような方策があり得るのだろうか。

こうした認識から改めて現在日本の置かれている立場を考察し、日本の国防について検討することは必要であるばかりでなく、ロシアのウクライナ侵攻後に日本の国際情勢認識、国防観が大きな変化の時にある現在、喫緊の課題ですらある。

現代世界は「アメリカ一極」か

ここで、改めて地政空間の秩序とはどのようなものであり得るのかを考えてみたい。

第一章で見たように、秩序とは、権力の流れ（上下関係）が明確であること、ルールが皆に守られていることなどであった。そうだとすれば、地政空間における秩序とは、強い覇権の下で最も安定的である。どういうことかというと、覇権が確立されているということは、覇権国家を頂点とした上下関係が明確ということであり、さらに覇権国家の力を背景にしたルールが強制されているため、予見可能性が高いからである。一国による覇権という形で権力的秩序が構築されてしまえば、地政空間の条件である「法的秩序や権力的秩序といった国際秩序が確立されていない状態」という要件は満たされず、複数のアクターが係争対象をめぐって権力闘争をするという意味での地政空間は事実上消滅してしまったと考えてよい。つまり、権力闘争の場としての地政空間は霧消し、秩序ある国際関係があるということだ。これが「ヘゲモニー」という世界の状態である。

これは厳格な意味での覇権を意味している。例えば冷戦終結後、世界はアメリカ一極の世界になったというようなことが言われるが、厳密にはアメリカの覇権が世界全体に確立されたと言える状態ではない。ソ連という超大国が崩壊した冷戦後の世界でアメリカのみが超大国と呼ばれるべき状態になりはしたが、それは世界全体がアメリカの強制するルールを受け入れて、権力的秩序が構築されたというにはほど遠い。

アメリカの権力的秩序がある程度確立されているのは、南北アメリカ大陸、日本を含む東アジアの一部、NATO領域、豪州など一部に過ぎない。ロシアや中国はもちろん、中東諸国、インド、中央アジアを含む旧ソ連圏の一部などでは、アメリカの覇権が確立されているとは言えないだろう。特に旧ソ連圏の一部では、まだロシアの権力的秩序の中にある国や地域も多い。

多極的な世界での「安定した均衡」とは

一方、いまだ覇権国家が存在しない状態ではどうか。そこは複数のアクターが地政空間で権力闘争を繰り広げる世界である。そうした場で目指されるのは、多極的なアクター間の勢力の均衡である。

均衡という状態は、決して秩序が確立された状態ではない。無秩序状態とまでは言えないが、秩序だった状態でもない。秩序と無秩序の間の中間的形態というべきものだ。アクターが無秩序に入り乱れるような混乱や戦乱は回避しているものの、それは相互の抑止によってかろうじて保たれている、という状態である。すなわち均衡状態とは、コントロールすることが難しい暫定的な安定、または不安定な平和だと言える。

とはいえ、そうした不安定な均衡に対して、安定した均衡を構想することは可能である。例えば、お椀（わん）の中のビー玉の均衡は安定している。右に振れれば左に向かう力が働き、左に振れれば右に向かう力が働くからである。いわゆる負のフィードバックが機能している。しかし、山の頂上に置かれたビー玉は不安定な均衡である。ちょっとでもどちらかに傾けば、そのまま転がり落ちてしまうだろう。

安定した均衡を達成するには、負のフィードバック機能が働く関係を構築しておく必要がある。つまり、多極的な地域において、どこか一国が突出した場合に、その他のアクターが同盟して、その意図を挫くといったことである。具体的には、ナポレオンのフランスに対する対仏大同盟の結成や、日清戦争後の三国干渉、ロシアのバルカン半島進出に対するクリミア戦争やベルリン会議、さらにはソ連に対する欧米（NATO）による封じ込め政策もその一つと言ってもいいかもしれない。しかし、ご覧のとおり、必ずしも戦争を回避できるとは限らない。戦争もまた均衡実現のための一つの方策に他ならないからである。

「同盟」とは平和と安定にとって両義的

一国の突出に対する他国の同盟による抑止が、必ずしも効果を発揮するとは限らない。

第一章で、相互不信の世界で同盟関係に基づいて構築される同盟体制を考察した。それは敵対する陣営に対して同盟を組むことで相手陣営に対する抑止をもくろみ、それによって自国の安全保障を固めようとする行為である。だが、抑止と同時に相手陣営側の不信感を増大させる効果も持っているところに、同盟体制の両義的な性質がある。すなわち、負のフィードバックではなく、正のフィードバックを機能させてしまう可能性である。

どういうことだろうか。同盟関係とは、そもそも緊張が高まっている状態で、利害を同じくする国同士が防衛能力を高めるために結ぶものであり、緊張を緩和させるものではなく、むしろ緊張を維持したり、高めたりする性質のものなのである。実際に日露戦争前夜、日露間の緊張が高まっていく中で、日本はイギリスとの間に利害の一致を見て、日英同盟の締結に成功したが、日露戦争を防ぐことはできなかった。

また、日米関係の緊張が高まった1930年代、日本はドイツとの間に利害の一致を見て（これは幻想にすぎなかったが）日独伊三国同盟を締結したが、これは米国の日本への不信感を高め、日米関係の修復を根本的に不可能にしてしまい、結果的に対米開戦へとつながった。日本は欧州地政空間のドイツと手を組むことで、自らを欧州の複雑な国際関係に関与させてしまったのである。

翻って現代に目を向ければ、やはりNATOという軍事同盟の問題がある。これは冷戦時代にソ連を念頭に、西側諸国の安全保障のための機構として、英米が中心となって設立したものだ。冷戦時代にはソ連の突出、膨張に対する抑止として機能し、「史上最も成功した同盟」と言われた。しかし、ソ連崩壊後もNATOは存続し、それどころか東に向かって拡大してきた。ウクライナはNATOに加盟することでロシアの権力的秩序からの脱出を試みたが、その動きを見せただけでロシアの強烈な反発と妨害を受けている。2014年のクリミア併合、ドンバス紛争、そして2022年のウクライナ侵攻である。

このように、**同盟関係とは平和と安定にとって両義的である。**相手側が帝国主義政策（力による現状変更）を推進している場合には抑止として働く可能性が高いが、相手側が現状維持政策をとっている場合に同盟を結んで対抗する場合には、相手側の脅威感をさらに高め、緊張をエスカレートさせることになる。

同盟関係が平和に対して逆効果をもたらすかもしれないという懸念こそ、戦後、日米同盟に反対した中立日本論者の根幹にあるものであった。相手側の意図（帝国主義政策か、現状維持政策か）を正しく読み取ることができなければ、同盟政策は必ずしも平和に貢献しない。

抑止と永遠平和

では、安定的な均衡とは何だろうか。何が均衡しているのか。力だろうか。物理的な力であれば計測され得るため、釣り合っているかどうかは自明だが、国力は正確に測ることができない。そもそも、国力とは物理的な力ではない。弾薬の数でも、艦隊の総トン数でもない。それは軍事力や経済力、国内体制の安定性、国民の士気、外交力など、実に多様な要素の総合である。物理的な釣り合いを考えれば済むわけではない。

物理的に国力が測りがたいということは、真の国力は不透明ということである。この不透明さ、不確実性こそが心理的な抑止力として働く。もしも国力なるものが正確に計測できるならば、どちらが優位にあるのかは明確に知られ得る。そうなると、優位なものが相手を攻撃して支配しようとするだろう。

ウクライナ侵攻で、短期決戦をもくろんだロシアの思惑が外れたのも、こうした国力の不透明性によるものだと考えられる。そこにはウクライナの果敢な抵抗と西側諸国の軍事的支援といった不確定要素が潜んでいるからである。

このように、抑止とは心理的な抑制、すなわちそれぞれのアクターの自制にその本質がある。したがって、抑止がより効果的に機能するには、基本的な価値観の共有、国力がある程度均衡していること（一国がその他の国の力の合計を上回ることがないこと）、互恵的な相互依存関係にあることなどが条件となる。

こうした心理的抑制が、均衡に安定をもたらす。相互の抑制による抑止、これが力によるだけの均衡よりも安定的な均衡である。この抑制による均衡についての先駆的な議論を行ったのは、理性批判の哲学者イマニュエル・カントである。

カントは、民主化された自由な共和制国家の自由な連合による「永遠平和」という理念を提唱したことでも知られている。彼が提示した永遠平和のための項目には、常備軍の全廃や謀略の禁止といった、実行が困難なものも含まれているが、カントの議論において注目すべきは、「永遠平和のために」の第一補説、永遠平和の保障についての議論である。

カントにとって、永遠平和に向かう諸国家のプロセスは、理想論でもなんでもなく、人間の道徳的改善でさえもなく、たんなる「自然の機構」である。それが事実ならば、荒れ地に森が生い育っていくように、人間の自然本性は、時間をかけて、永遠平和の実現に向けて動いていくということになる。こう考えるカントの根拠は、驚くべきことに、人間の本性に「接ぎ木」されているかのように見える「戦争」である。

どういうことか。自然状態における戦争状態は、ある民族が内部的な不和を克服し、敵に対して軍事的に対抗するために、国家を形成するよう強制する。こうした戦争状態は、人間が理性的である限り、ある秩序の生成を可能とする。それは、互いに対抗しあっていても、そうした心情を互いに抑制することで、公の場ではそうした心情を持っていないのと同様の結果が生じる、という意味での秩序である。言い換えれば、人間や国家の利己的な傾向を、互いに阻止しあうことで達成される秩序だ。これはまさに、前述の心理的抑制によって達成される自制的、抑制的な均衡と言うべきものだ。そしてカントは、平和は「きわめて生き生きとした競争による力の均衡」によって確保されると言っている。

つまり、比較的安定した均衡とは、単に力によって達成されるものではない。力による均衡は、多くの論者が指摘しているように、流動的で不安定なものだ。そうではなく、自然状態に見られるような不安定で不可測な状態から生じる衝突や戦争のリスクを回避しようという相互の心理的抑制、そしてそうした「自然の機構」を利用した外交によって可能となると考えられるのである。

国防の罠——合理的な行動が危機を招く?

ここで、国際政治から一国の国防政策に視点を変えてみたい。

国防とは、国家を外敵から防衛することを意味するが、国防政策の中身とは、外敵(外からの脅威)は誰/何なのか(仮想敵国)、どれだけの軍備があれば目的を達成できるのか、国家の安全を確保するためにどう行動するべきか、などの内容からなると考えられる。

また、似た概念に国家安全保障（National Security）があるが、これは軍事的安全保障であるところの国防に限らず、政治、外交、経済、社会基盤など、国民の生命と財産を守ること、そのために国家の主権と独立を守ることなど、総合的に国家の安全を考えるものだ。国防とは、総合的な国家安全保障における軍事的部分である。

このように国防は国家安全保障全体の一部をなすが、その他の安全保障の分野と密接に関連するのは言うまでもない。重要なのは、国防とは国家安全保障そのものではなく、その部分なのであって、総合的な国家安全保障を補完し、支えているものだという認識である。したがって、**国防を考えるには、軍事的合理性に加えて「政治的適正性」も考慮しなければならない**。

このことを考えるために、再びロールズに登場してもらいたい。ロールズはホッブズやジョン・ロックの政治哲学に関する講義の中で、合理的（rational）であることと、道理にかなっている（reasonable）ことを区別して考える必要について論じている。この区別に準じて、国防、安全保障に関する合理性や適正性について考えてみたい。

合理的（rational）であるとは、論理的であり、自分自身の善や利益のために行動することと、目的の達成やその最大化のために最も有効だと考えられる手段で効果的に目的を追求することである。その際、手段やプロセスが適切（adequate）であるかや、それが道理にかなっている（reasonable）かは、必ずしも考慮される必要はない。

一方、適正であるとは、それが適切で道理にかなったものであること、すなわち自分自身に関してだけでなく、その他の関係する他者によっても受け入れ可能なものだということである。つまり、他者の利益を損なわない限りでの自己利益の追求、というように、自分の利益追求に対する一定の制限を受け入れていることを意味している。

以上を踏まえて、国防政策を追求する国家の行動について見てみよう。

いかなる政策であれ、それが非合理的であってはならないのは当然のことだ。つまり、国家は政策を推進するに際して、合理的に行動することが想定されているし、望まれる。国家は合理的行為者でなければならない。国防についても例外ではなく、国家は国防政策を策定し遂行するにあたって、合理的に判断し行動しなければならない。

ここで参照される合理性とは、軍事的合理性である。軍事的合理性は、敵の軍事力の予測と評価、それに対応する自国の軍備の評価、そのために必要な予算の計上、国際的な安全保障環境における危機の評価、地政学的な力の均衡の評価と判断、仮想敵国の侵攻などの事態に効果的に対処するための部隊の合理的な配置、といった「チェスボード」上の

「(グレート)ゲーム」の論理などからなっている。ここには経済理論と同じく、独自のロジックがあり、必ずしも道徳的な正義や公正といった政治的適正性や道理を考慮する必然性はない。

また、政治的な合理性というのも考えられる。政治が権力の追求であることを考えれば、その目的は権力の最大化である。ここでも、効果的な権力の最大化のためには、必ずしも道理にかなっている必要はない。違法でさえなければ何をしてもよい、場合によっては違法であってもよい、という判断さえ成立するだろう。

さて、こうした国家の安全を至上命題とする軍事的合理性と、国家の国際政治における権力の最大化を至上命令とする政治的合理性が結びつくとどうなるだろうか。そこでは、容易に覇権の追求という目標が導き出されるだろう。覇権とは、地政空間における中心的な秩序構成的パワーである。自らが覇権国となれば、安全と権力とを獲得することができる。

そう考えると、日露戦争に勝利した後の日本が、均衡による不安定な平和に満足せず、覇権的地位を追求し始めたことも、「合理的」なことであった。軍事的合理性とそれに結びついた政治的合理性に立脚することで、国防の理念そのものが自己目的化し、肥大化したのである。

その結果、無謀で際限のない拡張を目指したり、普遍的理念や自衛の名の下に過度の防衛行動を取ったりといった事態に追い込まれていった。こうしたジレンマを「国防の罠」、あるいは「軍事的合理性の罠」とでも名づけることができるだろう。**国防のために合理的に行動することが、結果的に国家そのものを危機に晒すことになるというジレンマ**である。第一章で見た安全保障のジレンマ（ツキディデスの罠）もそうだが、目的（国家の安全）の合理的な追求の結果が、その目的に矛盾したものとなるのである。

自己目的化した国防の行方

日本の近代史に照らすと、軍事的合理性が優先されるというこの問題は、日露戦争に辛くも勝利した直後の１９０７年、帝国国防方針の策定時から始まっていた。師団数をいくつにすれば国防上合理的なのかという問題である。参謀本部は日露戦争後の常設師団17個から6個師団を増設し、常設師団23個、戦時には43個の増強を主張し、一方の陸軍省は常設師団19個、戦時師団38個体制を主張して激しく対立した。

山県に期待され、陸軍中佐ながら帝国国防方針を起草したのは田中義一だ。この最初の帝国国防方針で、陸軍常設師団25個、戦時師団50個という実現困難な目標が掲げられた。この時日本が第一の仮想敵国としたのは、陸軍ではロシア、海軍ではアメリカである。

この時田中が、合理的な軍事力がどの程度かを算出するためとった手法を見てみよう。まず国是とされる大方針を確立し、その実現のための国防の基本方針を確定し、そこから所要兵力量を算定する、という筋道を立てた。ここで田中が提示した国是とは「開国進取」である。開国進取という国是に則って国権の拡張を図り、国利民福の増進に努めると定められたわけである。具体的な国家戦略としては、満洲・韓国における利権及び東南アジア・中国に拡張しつつある民力の発展を擁護・拡張することだとされた。

ここでの最大の問題は、軍主導で国是を定め、国家戦略を立てるという発想であった。つまり、軍事的合理性が政治的合理性と結びついて優先され、国防が自己目的化した結果、軍備増強という目標が絶対視され、政治的適正性や経済的合理性、国力に見合った実現可能性などが十分に考慮検討されなかったのである。

石原莞爾の目指した「国防国家」

日本における国防政策のジレンマをもう一つ取り上げてみたい。

陸軍軍人である石原莞爾は満洲事変の立役者であり、アメリカと雌雄を決する最終戦争を戦うことで、日本の勝利により天皇を中心とした世界統一が実現されるという、予言者めいた主張で知られている。

その石原が自らの戦争観に基づく国防論を展開した『戦争史大観』という著作がある。この本によれば、対外政策としては日米最終戦争の準備のため、欧米の覇道が東アジアに及ぶのを防ぐため、日満支（日本・満洲・中国）の東亜連盟を結成することが必要であり、国防の目的であるとされる。そして、そのためには諸政策が国防を完備するために集中されなければならない、すなわち「国策と国防はかくて全く渾然（こんぜん）一体と」ならなければならないという。これが石原の言うところの「国防国家」である。

石原莞爾（1889〜1949）

国防国家とは、全国民がその職分に応じて、国防のために全力を尽くす組織を意味する。例えば軍は作戦以外のことを少しも心配する必要がなく、政府に対して明確に軍事上の要求を提示することが必要だという。

ここでの軍事上の要求とは、石原莞爾の世界最終戦論、すなわち日米最終決戦論から言えば、極東ソ連軍と同等の陸軍兵力を満洲・朝鮮に装備し、西太平洋においては米英ソと同等の海軍力を保持することである。この発想は1907年の帝国国防方針策定時のころから変わらない。ロシアとアメリカを同時に相手にすることを想定した国防観であったと言える。

また、国内体制の観点からは、こうした国防国家の体制を断固としてつくるために、「自由」ではなく「統制」が必要であるとされ、全体主義的な施策が国防国家体制への近道となるという。全体主義は、最終決戦の直前で活用されるべき方式だと肯定的に述べられている。

このように、石原の国防思想とは、アメリカとの最終決戦に向け、必要となる膨大な軍事力（極東ソ連軍、米英ソの海軍と同等の軍事力）を急速に整えるため、自由主義的ではなく統制による全体主義体制により、国策と国防を一体とすることであった。そしてそれによって、日満支三国による東亜連盟の結成を目指したのである。この東亜連盟は最終的に一つの大国家となるべきという。

こんなものは机上の空論と言われればそれまでの議論に思えるが、陸軍における石原の影響力は大きく、また石原によれば、近衛首相による東亜新秩序も東亜連盟の線に沿ったものだというのだから、ある意味で軍事的合理性が政治的合理性と合致し、覇権志向として結実した考え方だと言えるだろう。

覇権は歴史的に循環する?

国防政策に関するこのジレンマは、手痛い結果を通して我々に学びを与えてくれる。それは、**他国の安全保障や国益を無視して、自国の安全保障と国益の最大化のみを追求することが、必然的に国家間の対立と衝突を生み、結果的に双方の国益を損なう**ということである。

権力の最大化を果てしなく求めれば、最終的には覇権の確立を追求することになる。しかし、覇権を確立して覇権国家に、究極的には普遍帝国になったとしても、それを維持するには膨大なコストを要し、様々な内部的矛盾を解消できずに解体していくというのが歴史の示すところだ。ローマ帝国、モンゴル帝国、大清帝国、ロシア帝国、オーストリア=ハンガリー帝国、オスマン帝国、大英帝国、ソ連……数え上げれば枚挙にいとまがない。

近代以前の世界秩序は、帝国の興亡によるサイクルの繰り返しによって特徴づけられていた。

また、覇権国家に対しては必ず勃興する挑戦国が現れるため、覇権を維持し続けるのは困難である。単なる政治的合理性に基づいて権力の最大化を追求する諸国家は、必ず他の国家による対抗や抑止に直面する。その結果、闘争や戦争が生じるが、それに勝利したとしても、永続的な平和（永遠平和）が達成されるわけではない。そうした潜在的な戦争状態（スピノザ的な国際政治の自然状態）では、諸国家を支配しているのは全般的な相互不信であり、こうした状態は諸国家、特に覇権国に大きな負担を強いる。負担とは具体的には拡大する軍事費であったり、頻発する紛争であったりである。

こうして覇権は歴史的に循環する。これは国際政治の宿命であり、免れ得ないシナリオだという考えもあるだろう。しかし、それは答えのない問いである。国際政治の体制が「自然の機構」による民主的で自由な諸国家の均衡（最終的には連合）に少しずつ近づいていく可能性も否定できない。

日本はどういう世界を是とするか

一方、覇権による平和と安定を目指す覇権主義に対して、国民国家による均衡を前提とした国家間関係を是とする考え方がある。長期的に想像力を働かせれば、真の意味で政治的に適正で、諸国家にとって望ましいのは、諸国家が公平であることによる平和で安定した状態である。そのために必要なのは、覇権国の出現を抑止し、相互主義（公平性）、主権の尊重、内政不干渉といった国家間で広く受け入れられる基本的なルールだろう。これは国連を中心とする現代の国際秩序の基本的なルールとしても名目的には共有されているものである。そこでは、それぞれの国民国家は互いに真の主権国家として扱われ、伝統的価値観を含む独自の統治形態を尊重される。必ずしも欧米流のリベラルな民主主義のみが唯一で絶対の統治原理とはされないし、それを押しつけることももちろん許されない。そういう世界である。

このように見れば、国防を考える際にまず検討するべきは、日本がどういう世界を是とするのかというヴィジョンの問題なのである。覇権国になることで安定な権力的秩序を自ら目指すのか、アメリカの覇権に協力し、その下で自らの安定を求めるのか、あるいは極東地政空間における均衡を維持していくことによって柔軟性と流動性のある地政空間を作り出し、内政不干渉の原則の下で誰にも従属しない自主独立の立場を獲得することが望ましいのかという、国家としてのヴィジョンや国際秩序観に関わる問題である。

我々は、軍事的合理性のみに立脚した国防政策が肥大化・自己目的化することがないかを常に検証し、総合的で長期的な観点から国家の目指すべきヴィジョンに適合した政策となっているのかを、不断に検討に付すことを忘れないようにしなければならない。

「専守防衛に基づく必要最小限の軍備」とはどの程度か

戦後日本の基本的な「国是」は、対米協調路線を維持していくことであった。もちろんこれには日本が現実的に米国に対して従属的な立場に置かれてしまっているという事情もある。

敗戦は、日本の領土を明治より以前の状態まで巻き戻した。さらに事実上北方領土まで失ったことを考えれば、領土はそれよりさらに縮小されている。すなわち、朝鮮を「利益線」として守ることで国防を確立するという山県有朋以来の国是は、すでに通用しなくなったということである。日本には、国防の観点からは、「主権線」である領土、領海を直接防衛する選択肢しかなくなった。

つまり、領域の外へ対外進出することなく、専守防衛を旨として必要最小限の軍事力をもって自衛するということである。しかしながら、この議論が成り立つためには、実はすべての国が同様の国防観を共有しているという条件が必要だ。

仮に日本のみが専守防衛のために国土防衛に必要な最小限の軍事力しか保有しないとしても、周辺国が対外進出のための軍事力を増大させ、日本の国境線の外側に日本侵攻のための体制を構築したとすればどうか。日本はそれに対応した軍備の増強を行うことなくして自衛することはできない。さらに言えば、これは「国土籠城戦」ともいうべき戦略であって、包囲封鎖されればあとはゆっくりと絞殺されるしかなくなるだろう。

したがって、「専守防衛に基づく必要最小限の軍備」がどの程度かについては、周辺国の軍事力の規模や対外政策に大きく依存する。現代世界では、国連憲章において侵略的行為は認められないことをすべての国連加盟国が共有している。しかしながら問題は、侵略的行為とは何か、それに対する自衛権の行使の範囲とは何かについては、事実上主権国家の判断に任されていることだ。これもまた、国際政治の無政府的状態を考えれば、主権国家に最終的な決定権があるのは当然のことだ。とはいえスピノザの議論の通り、権利の源泉が力だと考えるならば、力を備えなければ自衛権どころか主権さえも危ういことを忘れてはならない。

日米安保条約の本質

事実上の主権を喪失している日本にとっては、自衛権は行使できない潜在的で名目的な権利にすぎない。そのため、国防をアメリカの軍事力に依存する体制を構築せざるを得なかった。それが日米安保条約に他ならない。

ソ連封じ込め政策のイデオローグの一人であった米国務省のジョージ・ケナンは、戦後間もない1947年当時、講和条約を急いで日本を独力で放り出すことは狂気の沙汰だと考え、講和条約を急ぐべきでないとした。樺太と千島列島及び北朝鮮を占領しているソ連の軍事拠点によって、日本は半ば包囲されていたからだ。ケナンによれば、日本は「極東における唯一の、潜在的な軍事・産業の大基地」だった。こうした対ソ脅威認識もあり、1951年、講和条約と同時に日米安保条約(旧)が吉田茂政権によって締結されたのである。

日米安保条約はその前文で、両国が極東における国際の平和と安全の維持に関心を共有していると述べ、第六条では日本の安全に寄与し、極東における国際の平和と安全の維持に寄与するために米軍が日本の施設と区域を使用することを許可すると定めている。これを虚心坦懐に読めば、この条約の本質は、アメリカの極東政策に日本が協力するというものだとわかる。そしてケナンの指摘の通り、日本そのものがアメリカの極東政策の重要な一部（軍事・産業の大基地）をなしているがために、「日本の安全」が米軍によって守られるということである。

この日米安保条約は今後、変更・廃棄される可能性ももちろん否定はできないが、その場合でも、それは日米関係という二国間関係の変化によってもたらされるというより、むしろ日米関係とは直接の関係なく、アメリカの極東政策の変化によってもたらされると言わざるを得ない。

現在、日本の国防の基本は対米依存だが、それがアメリカの極東政策、すなわち極東においてアメリカがどれだけのプレゼンスを維持しなければならないか、というアメリカの全体的な対外政策に依存しているとすれば、日本の国防はアメリカの対外政策に完全に従属していることになる。

こうした対米依存の日本の国防の脆弱性、不安定性の問題に加え、もう一つの論点として、極東の平和と安全のために日本がどれだけ関与しなければならないのか、あるいは関与すべきなのかということがある。つまり、アメリカの極東政策は日本の安全保障にとって死活的に重要で不可欠だと考えるならば、それに協力し、関与することが日本の政策となり得るということである。

そうであるならば、日本の国防政策とアメリカの極東政策はほとんど一心同体であることになってしまうだろう。果たしてそうなのだろうか。アメリカの極東政策は日本の国防政策そのものなのであろうか。

もしそうであれば、日本はアメリカの極東政策に同調して行動することが国防政策上の正しい道だが、そうとは言えないのであれば、日本の国防政策はアメリカの極東政策とは切り離して考えなければならない。とはいえ、アメリカの事実上の衛星国である日本に、そのような選択の余地があるのだろうか。

衛星国であるということ

そのうえで、現在の極東地政空間について考えてみたい。

極東地政空間における中国の国力(経済力、軍事力など)の著しい増強は、極東のパワーバランスに変更を迫っている。アメリカはまだ中国に追いつかれてはいないが、極東地政空間に限れば、アメリカのパワーは中国を十分に牽制できるとは言えなくなってきている。こうした状況下で、アメリカが自国の極東でのプレゼンスにどれだけのコストをかけられるかが問題となる。これはアメリカ自身の対外政策の問題である。つまり、アメリカ次第ということだ。

トランプ政権時に、アメリカはニクソン政権以来の協調的な対中関与政策を否定し、中国を非自由主義的な専制国家と捉え、両国は大きな対立関係に突入した。こうした対中警戒心が現在のアメリカの極東政策の根底にあると言っていいだろう。また、先に述べたように、アメリカの極東政策は基本的にいかなる国の覇権も認めず、自国のプレゼンスによって均衡を維持することであるから、その観点からも、現在の対中警戒姿勢は理解できる。そして、この構図は長期的なものとなるだろう。しかし、だからといってアメリカのプレゼンスがなくならないのならば大丈夫だろう、と安心してしまうのは日本の国防政策として不可である。

というのも、**問題はアメリカの政策がどうなっているかではなく、日本の国防体制がアメリカの極東政策に依存している点にあるからである。**アメリカが極東におけるバランスを重視したとしても、そのバランスが現在の通りに続くとは限らない。現にアメリカは共産主義の中国を突然承認し、台湾の国民党政府を事実上見捨てた過去がある。アメリカが是とする均衡点がどこにあるのかを、我々日本が決めることはできない。衛星国であるということの意味はそこにある。

「台湾有事は日本有事」か

中国の極東での台頭に関連して、台湾についても考える必要がある。米中対立が緊張の度合いを高めるにつれ、また、ロシアによるウクライナ侵攻の衝撃とともに、台湾有事の可能性が真剣に憂慮されるようになっている。日本では、台湾有事は日本有事だと言って台湾問題にコミットメントを表明する政治家や有識者も少なくない。

しかし、台湾有事はどのような意味で日本有事になるのだろうか。中国が台湾を武力統一しようと行動に出た場合、それが日本の安全を脅かし、その存立を脅かすということなのか。少なくとも、中国が日本の領海に進出するなど、日本の領土への進出を試みるとか、あるいは駐日米軍と大規模な戦闘状態に突入し、米軍基地を有する日本への直接的な武力攻撃が行われるとかいう状態にならない限り、武力攻撃事態や存立危機事態[*7]が成立する可能性は高くない。一方で、台湾が中国から武力攻撃を受けるとか、武力統一されるとかいう事態が起きれば、日本の安全保障環境が著しく悪化することは間違いない。

では、どのような対応が適切なのだろうか。その答えは一義的なものではあり得ず、個々の状況によって速やかにかつ適切に政治的に判断されるべきで、安易な議論を許さない。これだけが確かなことだ。したがって、台湾有事は日本有事などと言ってコミットメントを表明することには、慎重であるべきだろう。

台湾有事が日本の安全保障上の重大な問題であることは間違いない。だが、そこから直ちに台湾有事において台湾を「防衛」しなければならないということは導かれない。このような議論は、朝鮮は日本の「利益線」だ、というのと類似した議論である。

むしろ地政空間の政治力学で見れば、台湾の問題があることは、アメリカの極東におけるプレゼンスを維持するための理由となっていると捉えるべきである。仮に台湾が中国に統一され、それをアメリカが承認する事態になれば、アメリカが極東でこれまで通りのプレゼンスを維持する理由が一つ消失することになるだろう。日本の立場からすれば、これが問題である。先ほどの議論でいけば、アメリカの極東政策における均衡点が中露に傾くことになるからである。

ただしこれについても、均衡点が中露に傾いたからといって直ちに日本の安全保障が脅かされるのかといえば、一義的にそうは言えないことに注意すべきだ。例えば、日露・日中関係がより緊密に良好になっているとか、そういった二国間関係の改善が進んでいるということも考えられるし、中露が再び極東（満洲地域か極東ロシア地域か）をめぐって対立関係になっていることも考えられる。いずれにせよ、日本の安全保障にとっての、極東地政空間における米中露の均衡点の適正な位置は、一つの事態から単純に軽々と導き出してはならないのだ。

台湾問題に見られるように、地域における紛争は、関係する国家のプレゼンスをその地域において維持・拡大するための重要な理由となり得る。それが地政空間におけるシアターの意味だ。現在の極東地政空間でシアターと呼べるものとしては、台湾、尖閣諸島、朝鮮半島、北方領土などが挙げられる。それらはそれぞれ、東シナ海、日本海、オホーツク海という海域と密接に関係している。海域と関係しているがゆえに、これらの問題の「関係国」は広範に及ぶのである。海域は陸域と異なり、領土が直接に接していなくてもアクセスが容易であり、また利害関係を主張しやすいからである。

ウクライナ侵攻の教訓

ここからは、これまで述べてきたことを踏まえ、今後の日本の国防について具体的に考えていきたい。

日本ではウクライナ侵攻を受け、日本の防衛力の強化の必要性が改めて議論され、敵基地反撃（攻撃）能力を保有することが必要だという閣議決定がなされたことは記憶に新しい。２０２２年12月には、国家安全保障戦略、国家防衛戦略、防衛力整備計画の三文書が策定された。国家安全保障戦略が最上位の政策文書とされ、その下にこれまでの防衛計画の大綱にあたる国家防衛戦略が置かれているが、この中で、ロシアによるウクライナ侵攻の例が防衛上の課題として挙げられている。

そこで指摘されている課題、すなわちウクライナ侵攻の教訓とは、ウクライナがロシアによる侵攻を抑止するための十分な能力を保有していなかったことであるとされる。そして、力による一方的な現状変更（侵略）は困難だと認識させる抑止力が必要であり、相手の能力に着目した防衛力の構築が必要とされている。

しかし、ウクライナ侵攻から我々が学ぶべきものは防衛力強化だけなのだろうか。これは、ロシアや中国などから攻撃が仕掛けられる前提での議論である。もちろん、攻撃の抑止のために防衛力を整備することは主権国家の義務であり、適切に進めていくことは当然である。

しかしながら、防衛力の強化が必ずしも抑止につながるとは限らないことも同時に認識しておく必要がある。ウクライナ侵攻が示したのは、防衛力の欠如がロシアの侵攻を招いたということではなく、むしろ逆だからである。

ロシアがウクライナ侵攻に踏み切ったのは、２０１４年のウクライナ政変以後、ドンバスの分離派武装勢力を武力によって制圧しようとウクライナ政府が軍事力強化を進めていった結果でもあった。この軍事力強化はウクライナがロシアの影響力から脱しようとして行った単独行動ではなかった。ウクライナの軍事力強化を支援したのは、何よりもアメリカやＮＡＴＯだったのである。

つまり、ロシアによるウクライナ侵攻の軍事的背景には、ロシアとＮＡＴＯとの緩衝地帯であったウクライナにおけるバランスが大きくＮＡＴＯ側に傾き、さらにはウクライナのＮＡＴＯ加盟に向けた動きによって均衡が崩されようとしたことに、ロシアが強い危機感を抱いたことがある。その結果、座して待つよりは、といってロシアは侵攻に踏み切ったのだ。

ウクライナの軍事力は、将来的にＮＡＴＯに加盟する場合にはＮＡＴＯの軍事力となるわけで、ウクライナの増強しつつある軍事力がＮＡＴＯと結びつくことが、ロシアにとっては自国の安全保障環境にとっての最悪の事態として、安全を脅かすものとなるとの認識があった。

仮に日本の周辺に引き寄せて考えれば、国家防衛戦略が問題と認識する中国、ロシア、北朝鮮の三国が、日本（と韓国）を仮想敵国とした集団防衛のための同盟を結成し、北朝鮮を前線基地として北朝鮮の軍事力強化を試みるといったことになるだろうか。この時点で、日本と韓国には単独で対抗する力はすでにないが、その後ろ盾であるアメリカが韓国や台湾への軍事的なコミットメントを著しく高めることは十分に考えられる。ただしアメリカの場合は、韓国や台湾を押さえているため、中露朝に対抗する橋頭堡（足掛かり）はすでに確保されているが、それがロシアにとっては、軍事基地を置いているクリミアや親露派勢力の強いドンバスだったということである。

ウクライナ侵攻の国際政治をロシア側から見た場合、ＮＡＴＯはウクライナにおけるパワーバランスを逆転させるような現状変更を試みたことになる。この事情は、西側諸国が言っていることと真逆だ。

このことは何を意味するのだろうか。それは、ウクライナの軍事力強化がロシアに対抗するための適切な方策だったのかどうかという問題意識である。ウクライナのＮＡＴＯ加盟問題は認められないというロシアの言い分に対して、欧米側はオープン・ドア・ポリシーと主権国家の自由を理由に、ロシア側からの新たな欧州安全保障に関する協議の提案（具体的にはウクライナのＮＡＴＯ非加盟など）に応じなかった。

実際にはウクライナのＮＡＴＯ加盟は、仮にそれが実現したとしても、少なくとも10年以上は先のことだったのではないかと思う。ＮＡＴＯ側もアメリカ側もそう認識していたはずだ。だとすれば、その猶予期間を用いてロシアとの間の信頼関係、すなわち欧州における安全保障の新たな体制や合意を形にするための交渉が可能だったはずである。

事実ロシア側は、侵攻の3か月ほど前に、ウクライナのＮＡＴＯ非加盟を含め、ＮＡＴＯ側の譲歩を求める法的合意に向けた交渉を提案していた。西側諸国はロシア側の危機意識や意図を読み誤ったことによって、ロシアにウクライナ侵攻を踏み切らせた可能性を十分に検討すべきではないだろうか。

つまり、ウクライナ侵攻から得るべき教訓とは、**ありうべき侵攻に備えて軍備を増強することにその本質があるのではなく、むしろそうした侵攻を招き寄せないための適切な外**

交の重要性なのである。

国家安全保障における外交力の重要性

その意味では、2022年12月の防衛三文書中、最上位政策文書とされる国家安全保障戦略において、トーンが防衛力の強化に偏っているように見えることが懸念される。

同文書では国家安全保障上の目標として「国際関係における新たな均衡」をインド太平洋地域で実現すること、一方的な現状変更を容易に行い得る状況の出現を防ぐこと、安定的で予見可能性が高く、法の支配に基づく自由で開かれた国際秩序の強化、多国間で協力して国際社会が共存共栄できる環境を実現することなどが挙げられている。これらの中で、安定的で予見可能性の高い国際秩序の強化や、国際社会が共存共栄できる環境の実現といった目標は、外交政策である。

そのうえで、我が国が優先する戦略的アプローチの第一に、「危機を未然に防ぎ、平和で安定した国際環境を能動的に創出し、自由で開かれた国際秩序を強化するための外交を中心とした取組の展開」が挙げられているが、そこに挙げられた取り組みは日米同盟の強化、同盟国、同志国との連携強化、周辺国・地域との外交などであり、日本の外交力の体制強化につながる具体的な施策など、新しいものは何も見られない。

一方、アプローチの第二として挙げられる防衛体制の強化では、防衛力の抜本的な強化として、反撃能力の保有、予算水準GDP2パーセント目標、防衛装備移転制度の見直しの検討、生産・技術基盤の強化、人的基盤強化といった項目が挙げられており、明らかに防衛力の強化に偏っている。

ロシアによるウクライナ侵攻から、もっぱら防衛力（軍備）強化という教訓のみを引き出すのは、これまで述べてきた議論から考えると、短絡的ですらある。もちろん、国家防衛戦略が防衛上の課題として挙げている「力による一方的な現状変更は困難であると認識させる抑止力」や「相手の能力と新しい戦い方に着目した防衛力」というのは重要な認識であり、防衛力の整備は進めなければならない。しかし、想定される危機がロシアや中国を相手にしたものであれば、1907年の帝国国防方針で対米、対露を相手にして不足のない軍備を定めたように、中露の軍事力に均衡し得る装備（軍備）ということになるのだろうか。それがどこまでの装備（軍備）を意味するかは精緻な検討が必要だが、国力に見合った現実的な目標となるかどうか見極めなければならない（後項のモーゲンソーのテーゼ参照）。「軍事的合理性の罠」に陥ることのない総合的な安全保障の観点から、国防（国家防衛戦略）

を確立しなければならないのだ。

したがって、「戦後最も厳しく複雑な安全保障環境に直面」している日本としては、「新たな均衡」を検討し、その実現に向けた国家間関係を調整して、安全保障環境を「能動的に」創出するための外交力の強化の方が、実はより一層重要なことであると私は考える。

「新たな均衡」がどのような状態を指しているのかは明らかではないが、本章で議論してきたように、現実にはそれは、アメリカの極東政策が見据えている均衡点でしかありえない。とはいえ、国家安全保障戦略文書に掲げられた目標の第一は、実は「我が国の主権と独立を維持し、我が国が国内・外交に関する政策を自主的に決定できる国であり続ける」こととされている。これが意味するところは、アメリカの衛星国ではなく真の主権国家たらんとし、アメリカの極東政策に盲目的に協力するだけではなく、日本にとって望ましいと考えるヴィジョンに沿って、均衡を目指すという大胆な宣言なのだろうか。そうであれば、非常に頼もしい心意気にも思われる。

ただ、「あり続ける」とされているところに、欺瞞(ぎまん)を感じるのは筆者だけだろうか。日本政府の自己認識では、日本は自主独立の主権国家であり続けている。しかし、ロシアから見た日本の姿は、主権を奪われたアメリカの衛星国である。おそらくは、アメリカも日本を完全に自主独立した（アメリカの極東政策から完全に独立した自由な）主権国家とは見なしていない。

あるいは、日本政府は日本が衛星国であるという事実をよく認識しているが、公的にそれを認めることができないため、このような表現を使っているのかもしれない。はたまた、自主独立を目指す日本の企みをアメリカから隠すための巧妙なレトリックなのかもしれない。もしも後者が正しいのであれば、我が国の安全保障政策は日本にとって望ましい均衡点を自主的に見いだし、それを能動的に実現していくために、外交力を一層強化することが必要となるはずだ。

もちろん、外交によって危機を回避し、均衡を実現することは、芸術的ですらあるような困難な仕事である。だが、それは才能や奇跡ということを意味しない。色彩のバランスや音素の調和を求めるような緻密な作業を営々と積み重ねることである。外交で言えば、軍事力、マネー、資源といった物理的なパワーと、プライド、不安感、傲慢、相互不信といった心理的な要素に十分配慮しつつ、バランスのとれた関係を構築するという粛々たる努力である。

「調整による平和」のための外交

さて、多極的な均衡という状態は、複雑性が高く、柔軟で流動的であるため、予見可能性が低く不安定である。この不安定性は、これまで述べてきたように、国家の内的意思やその決定過程が複雑で不透明であることから来る。つまり、相手の意思を確実に把握することができないことから、心理的な不安を感じるのである。

先に挙げた２０２２年12月策定の国家防衛戦略でも、防衛上の課題として、脅威は能力と意思の組み合わせで顕在化するが、相手の意思を外部から正確に把握することは困難であり、意思決定過程が不透明であれば、脅威が顕在化する素地が常に存在すると断定している。この国家防衛戦略は、まさに日本が中国やロシアといった国の意思が不透明であるがゆえに心理的な不安を感じていることを示している。つまり、現在日本にとって極東地政空間の均衡は不安定だと認識されているのである。

ここで注意しなければならないのは、相手の意図を読み間違えると大きな問題が起きるということである。人間関係と違って、国家関係における意思疎通のズレやボタンの掛け違いは容易に修正できない。それが非常に難しいところである。そこで重要となってくるのが、外交の機能である。

外交とは、比喩的に表現すれば、国家というリヴァイアサンの外皮によって隠された不透明な内的意思を、そのベールの上から何とかして探り、理解しようと努める作業に他ならない。ここで相手の意図を読み誤れば、最悪の場合、大きな軍事衝突にまで発展する可能性もあることから、その責任は極めて重い。

よく参照される勢力均衡の理想的な事例は、19世紀の欧州の地政空間で確立された国際関係である。この時期の欧州の勢力均衡はウィーン体制と呼ばれ、ある種の国際秩序や国際統治だと考えられている。本来的に均衡は不安定で流動的なものであることから、秩序と無秩序の間の中間的形態であると述べたが、一方で負のフィードバックが働くような関係を構築すれば、比較的安定的な均衡も考えられるとも述べた。その関係とは例えば、一国の突出に対抗するために対抗同盟を組むことや、現代の国連のような集団安全保障体制により、集団で一国の侵略行為を阻止するシステムをつくることなどである。

ウィーン体制下の欧州地政空間では、神聖同盟や四国同盟（後に五国同盟）といった国際条約が存在し、関係国がキリスト教的な価値観を共有し、また五大国が密接な会議外交を展開することで、「ヨーロッパ協調」（the Concert of Europe）の下にかなり安定的に均衡状態が維持された。このように、ウィーン体制は単なる力によるバランスにとどまらなかったため、国際秩序と呼ぶにふさわしい状態を実現することができたと評価できる。

このような協調的均衡は、価値観、儀礼、商業関係、文化理解などの多面的な要素を調整して協調行動をつくるための外交的努力によって、初めて可能となる。外交によって多極的な均衡状態における複雑性を縮減し、予見可能性を高めることで、安定性を高めようということである。先にも述べたように、協調外交とは外交的なセンスが問われる一種の芸術（アート）であると言ってもよい。

国家間の関係は、現実には世論や国民感情によって簡単に流されてしまうものであり、扱いはきわめて難しい。特に、現代は19世紀以前の世界と異なり、秘密外交ではなく公開外交だから、周到に交渉を進めるのが非常に難しい。メディアや世論、議会内の与野党対立などによって影響を受け、制約されてしまうからである。

それでも外交はやはり重要である。モーゲンソーは、現代世界で「平和」は、国家主権の制限によってではなく政治的対立を緩和し極小化することによって達成するしかないと言い、それを「調整による平和」と呼んでいる。そして、その手段こそが外交だとした。

モーゲンソーのテーゼ

モーゲンソーの主張を参照しつつ、協調的均衡という安定した状態を外交的に構築するための方策を考えてみたい。モーゲンソーによれば、外交の仕事は次の四つからなる。

1　**自国の国力に見合った実現可能な目的を決定する**
2　**他国の目的と国力とを評価する**
3　**自国と他国の目的がどの程度両立できるかを評価し判断する**
4　**目的の追求にふさわしい手段を採用する。**外交の手段は三つあり、説得、妥協、武力による威嚇である

1についてモーゲンソーは、自国の国力を超えるような目的を決定すれば、興奮した世論の圧力の下で達成不可能な目標への道を突っ走り、あらゆる資源を濫用し、ついには国益と国家の目標を混同して戦争に訴えることになるという。これはまさに「国防の罠」として議論した事態である。過剰な国防の追求が自己目的化して、結果として自滅に向かっていくということだ。

続いて、モーゲンソーは外交の四つの基本方式を挙げる。

1 **外交は十字軍的精神から脱却しなければならない。**「諸君が戦争をお望みなら、教義を育てたまえ」といわれるように、普遍主義的な理想は果てしない戦争を不可避的に生むからである。

2 **対外政策の目的は、国益によって定義されなければならない**し、さらには、適当な力によって支えられなければならない。平和主義国家の国益は、国家安全保障の観点からのみ定義されるべきであり、それは国家の領土及び諸制度の保全を意味する。これは妥協できない最小限のものである。

3 **外交は他国家の観点から政治舞台を熟視しなければならない。**他国家が何を望み、何を恐れているかを考慮しないことは致命的な誤りを惹き起こす。国家安全保障（国土及び国家体制の最小限の防衛）の観点から、何が他国の国益であり、その国益は自国の国益と両立するのかを評価すべきである。

4 **国家は自国にとって死活的でない争点に関してはすべて進んで妥協しなければならない。**これが外交にとって最も困難な仕事だが、「政治宗教」の十字軍的熱情にとらわれず、客観的に双方の国益を観察できる人々にとっては、死活的利益の境界を設けることはそう難しいことではない。問題は、その中間領域で相互に絡み合う利益を均衡させるために、中間領域が相手側の圏内に吸収されないようにしながらも、相手側のある程度の影響力を認めることである。

これを日本近代史に当てはめて、満洲における日露の攻防や協力の歴史を思い出してみれば、このテーゼの意味がよくわかるのではないだろうか。また、満洲事変について、日本の利益にも中国の立場にも、そしてソ連の利益にも配慮したリットン調査団報告書の解決案は、このテーゼに照らしてもある程度通用する内容だったと思われる。

「協調的均衡」のための五つの前提

さて、以上の四つの基本方式は、本質的には外交的な妥協のための公式である。この外交的妥協を可能にするには、さらに次の五つの前提条件が必要となる。

1　**実益のためには、価値のない権利の幻影を捨て去れ。**外交官が直面する問題は、合法か非合法かを決めることではなく、政治的英知と政治的愚かさのどちらを選ぶかである。法万能主義とプロパガンダの立場からものを考える外交は、法律の字句にこだわり、自国にどのような結果をもたらすかを見過ごしてしまう。

2 **後退すれば必ず面目を失うとか、前進すれば必ず重大な危険に出くわすといった立場に身を置いてはならない。**国家は政治的結果を考慮せずに何らかの立場に深くコミットすることがある。そうなると国家はその立場から後退すれば重大な威信喪失を招くし、前進すれば政治的危機や戦争の危険に身をさらすことになる。

3 **弱い同盟国が強国に代わって意思決定をするのを許してはならない。**強国は自国の国益と弱い同盟国の国益を完全に同一視することで行動の自由を失ってしまう。弱い同盟国はその強力な国家の支持によって安全であればこそ、自国の対外政策を進めることができるが、強国は自国の利益とは違う利益を支持しなければならなくなり、自国にとっては死活的でない争点についても妥協できなくなる。

4 **軍隊は対外政策の手段であってその主人ではない。**どんな国家も、軍部が対外政策の目的と手段を決定するようでは妥協の政策を追求することはできない。軍事指導者は絶対的な条件でものを考え、唯一の目的はコストを最小限にして迅速に勝利すること、敗北を回避することである。これに対して、外交の目的は相対的かつ条件的であり、相手側の死活的利益を傷つけずに自国の死活的利益を守るために、必要な限り相手側の意思を曲げる（打ち砕くのではない）ということである。したがって、外交の主な目的は絶対的勝利と絶対的敗北のどちらも回避することである。

5　**政府は世論の指導者であってその奴隷ではない。**外交は世論の支持を当てにすることはできない。なぜなら世論は合理的であるよりもむしろ情動的であるからである。

長々とモーゲンソーのテーゼを引いてきたが、それは、これらのテーゼが「協調的（妥協的）均衡」という安定した均衡を構築するための、そして心理的抑制に基づく均衡にとっての重要な指針となると考えるからである。これは外交という仕事を遂行するにあたっての方針だが、それにとどまらず、すべての政策決定者や有識者、国を思うすべての国民に、心に留めておいていただきたい重要な精神だと思う。

モーゲンソーの主張があまりに理想的すぎると考える立場もあるのは事実だ。しかし、カントの「自然の機構」による永遠平和の保証の議論のように、長い時間を経れば、人間は経験から少しずつでも学んでいくという可能性は否定できない。少なくとも、外交的に平和を維持することは現実的ではないと言って、初めからその努力を放棄してしまうことは、人間の可能性を見損なっている。

政治的英知によって安全保障を考えるということ

国際情勢についてどう考えればよいか迷う際には、一度モーゲンソーのテーゼに立ち返ってみていただきたい。

例えば、2023年4月現在、勃発から一年を経過したウクライナ侵攻は今なお先行き不透明だが、ウクライナをめぐる米露の政策を見るだけで、モーゲンソーのテーゼが十分に考慮されていないことがわかる。逆に言えば、侵攻前からモーゲンソーのテーゼに則って外交交渉が進められていれば、現在のような事態は避けられた可能性が高い。

例えば、ウクライナは自国の国力や置かれた状況に鑑みて、NATO加盟という目標を「国是」として立てることが妥当だったか。（現時点では）達成不可能な目標を追求して、必要最小限の死活的な国家安全保障という国益と混同してしまってはいなかっただろうか。

確かにウクライナの現政権は言うかもしれない。NATO加盟が自国の領土と体制を守るために必要不可欠な国益だったと。しかし、本当にNATOへの加盟だけが、ウクライナの国防にとっての唯一の道だったかは疑問である。それは、ロシアによる侵攻を惹き起こしてしまったという一事を見ても明らかだろう。

ウクライナ侵攻に関しては、アメリカの対応にも疑問が生じる。モーゲンソーによる外交の四つの基本方式の観点から、アメリカの立場を検証してみると、次のことが言える。

第一に、アメリカは自由民主主義という名の十字軍的精神に囚われていないだろうか。

第二に、アメリカは必要最小限の国家安全保障から自国の国益を明確に定義しただろうか。ウクライナに対する軍事的、政治的支援は、果たしてアメリカにとっての死活的な国益なのだろうか。

第三に、アメリカはロシアの立場からロシアが何を望み、何を恐れているかを十分に考え、双方の（死活的）国益が両立するところを検討しただろうか。

最後に、そのうえで、アメリカは死活的でない争点に関する妥協の用意があるのだろうか。

これらに対する回答は、いずれも否定的なものにならざるを得ないのではないかと思われる。

さらにモーゲンソーが示した外交的妥協を可能にする五つの前提条件のうち、特に1と

3を見てみたい。まず前提1だが、アメリカもNATO諸国も、ロシアのウクライナ侵攻の国際法上の違法性という論点に執着して、政治的英知によって解決を探る努力を怠ってはいないか。

また前提3は、弱い同盟国の意思決定に引きずられることの危険性の指摘だが、この場合の弱い同盟国とはウクライナに当てはまる。アメリカは事の始まりからウクライナ政府の立場に寄り添うことで、ウクライナの意思決定に引きずられて選択を誤り続け、今はもはや政治的解決を試みるための選択肢を自ら狭めてしまっている状況に見える。

翻って日本はどうだろうか。ウクライナ、台湾といった問題に関して、モーゲンソーの示した諸テーゼに照らして、適切な対応をとっているか。よくよく検討してみなければならないのではないだろうか。

例えば基本方式の2や前提3は、アメリカと日本の関係にも当てはまる。この場合、弱い同盟国とは日本である。前提3に従えば、アメリカは日本の国益をどこまで考慮するべきなのか。日本としては過剰な期待は禁物であろう。

「バランサー」としての日本

すでに見てきたように、アメリカの極東地政空間における戦略とは、一国、または複数国の同盟による覇権の確立を阻止して均衡状態を維持すること、すなわち、覇権の確立によってゆるぎない権力的秩序が成立して、地政空間が消失するのを防ぐことである。

この戦略は、必ずしも対立を前提とした勢力均衡である必要はない。協調的均衡や自制に基づいた抑制的均衡であってもよい。これは、極東の覇権を阻止し、「門戸解放」という名の市場原理、自由経済を確保するというアメリカの伝統的な外交ヴィジョンとも一致している。

では、日本のヴィジョンはどうあるべきだろうか。いわゆる「自主外交」も一つの選択肢としてはあり得るだろう。しかし、それは地政空間におけるアクターとなるということであり、少なくとも事実上の衛星国であると言わざるを得ない現時点の日本にとっては、短期的に実現可能な選択肢とは言えない。日本の国力に照らして実現可能な目標ではないということだ。

したがって、**短期的な日本外交のヴィジョンとは、極東における安定的な協調的均衡を外交的に維持していくことであり、アメリカの極東政策とヴィジョンに協力することだろ**

う。この場合の日本の役割は、アメリカがこうしたヴィジョンに基づく道を踏み外さないように、モーゲンソーのテーゼに示されたような協調的（妥協的）精神に基づく外交政策をとり続けるように働きかけることである。

最もやってはならないのは、協調的均衡ではなく、単なる力による抑止を信奉して、対立的な力の均衡を追求し、弱い同盟国としてアメリカを誘導していくことである。これは軍拡競争を煽ることになるし、アメリカを巻き込んで地域の緊張を著しく高めていくことになる。

アメリカや極東地政空間の他のアクターである中露に対して、日本にとって望ましい協調的均衡を目指して働きかけるためには、一定の力と発言力が必要である。今まで以上の外交力とそれを裏づける国力が必要となるだろう。もちろん、それはアジア・モンロー主義の変形、例えば日米同盟がアジアのことを決定するようなものであってはならない。

こうした日本の立場は、勢力均衡時代の欧州地政空間においてイギリスが担った「バランサー」のようなものだと言える。日本は地政空間の一つの極を構成するほどの重力を持つメインアクターではないが、ある程度の国力、重力をもっているのは事実である。**日本がどちらにつくかで地政空間の均衡点は大きく変動する。**

しかし、それは無節操にあっちについたりこっちについたりする風見鶏的な政策を意味しない。それは禁物である。それは大国を利用して自国を益しようという弱者の論理であり、そうした政策は必ず、いずれかの大国によるより強い干渉を引き起こすだろう。歴史的に見れば、それは日清・日露戦争期の朝鮮／韓国が、清国、日本、ロシアの間でとったような政策であり、17〜18世紀にウクライナ・コサックがロシア、スウェーデン、ポーランドの間で取ったような政策である。ソ連崩壊後のウクライナも、ロシアかEUかをめぐって国内政治が分裂していたことから、ロシアと欧米の間を揺れ動いた。こうした行動は、大国間のシアターという立場を強化してしまう。その国に対する大国の支配競争を誘発してしまうからである。

現代の「小日本主義」

したがって、日本が一貫してアメリカとの同盟関係を維持してきたことは、日本と地域の安定にとって重要なことであった。日本は引き続き潜在的なシアターであり続けているからである。

しかし、**日本は大国の注意を引きつける潜在的シアターであるからこそ、同時にバラン**

サーとしての可能性を持っている。1956年当時、ソ連が日本との国交回復に動いたことは、そのことを明確に示している。それが、現在の極東の地政空間における日本の意味である。

この観点から見れば、日本はアメリカに占領されていると見るだけでは不十分だ。すべての事柄は裏側から見ることが可能であり、裏側から見ることが必要ですらある。そうすると、日本はアメリカの極東におけるプレゼンスに協力していると見ることも可能だ。そして、日本がアメリカのヴィジョンに協力するのは、アメリカのプレゼンスが日本にとっても望ましいものだからである。

では、アメリカによる覇権の確立はどうだろうか。それもまた短期的には日本にとって望ましい選択肢かもしれない。しかし、それは現実的ではない。アメリカは極東に覇権を確立する政策を持っていないし、今後も持つことは考えづらい。南北アメリカ大国における覇権とユーラシアの東西における均衡の維持が、アメリカの基本的な世界戦略だからである。

したがって、日本にできることは、**アメリカのプレゼンスを極東で維持することとなる。**それ以上の目標は日本の国力を超える目標となるだろう。

これは現代の「小日本主義」とでも言うべき方針である。日本の国土と海を堅く守ればそれで足りる。仮にこの小日本主義でいけば、台湾有事は日本有事などと、過去の「利益線」の概念を彷彿させるようなことを言ったり、遠く欧州の問題にコミットしたり、極東における協力を期待してNATOに接近したりするようなことには、十分に慎重であるべきだろう。

可能性としての「戦争と平和」

日本は国際紛争の解決の手段としては戦争を放棄しているが、当然ながら自衛のための交戦権を放棄しているわけではない。

しかし終戦直後、日本国憲法草案について国会で議論された際に、戦力の放棄の趣旨について吉田茂は、これが自衛権を放棄したものであるとの認識を示していた。これに対して芦田均は、自衛のための戦争と武力行使は放棄されていないという立場から、戦力の不保持とはあくまで「国権の発動たる戦争と国際紛争を解決する手段としての武力行使の放棄」という目的を担保するためのものであって、自衛権を放棄するものではないと主張した。

自衛戦争の是非を考えるにあたって、ドイツの政治哲学者であるカール・シュミットを参照してみたい。シュミットはナチス政権が成立するとナチスに入党し、ナチスのイデオローグとしての活動も行っているが、その政治思想は単なるナチスのイデオローグにとどまらないとして、近年評価が高まっている思想家である。

シュミットはその代表作である『政治的なるものの概念』で、「政治」とは経済や美学、道徳といった領域とは独立した領域であると述べ、その政治の領域に固有な区別は、敵と味方の区別であるとした。

同書の中でシュミットは、弱小国家が大国の政府の庇護を求めるか、あるいは同盟政策によってその独立性を護ることができない場合には、やむなく交戦権を放棄することになると言っている。ここで言われている交戦権とは「万一の場合には、自己の裁定によって敵を決定し、これを攻撃するという実在的可能性」である。日本が放棄した自衛権がこれにあたるのならば、日本は自ら敵を決定できないし、それを攻撃することもできないことになる。

ここで言われている政治上の敵とは、私的な怨恨(えんこん)関係とは全く関係なく、国家や民族全体の「公敵」を指す。シュミットによれば、敵という概念には、武装的闘争、つまり戦争が将来起こるかもしれないという事情（＝戦争の可能性）が必要である。戦争は決して政治の終着点でも目的でもなく、その内容でさえもない。それは政治特有の行動の前提であり、しかも、可能性として常に存在するものとされる。

であれば、自衛権を放棄し、自ら敵を決定することができない日本としては、そうした可能性としての戦争を前提としていないことになる。

しかし、可能性としての戦争を前提としない、というのはどういうことだろうか。

シュミットは、すべての民族は敵味方の区別を、自己の決定により、自己の危険において決定しなければならないとする。この点に民族の政治的存在の本質があり、敵味方の区別を行う能力や意志を持たないならば、その民族は政治的存在ではない。それは外敵に対する保護を引き受けて、政治的支配も引き受けてくれる他の民族との間で、保護と服従の関係を結ぶことになるのだ。

つまり、可能性としての戦争を前提にしないというのは、他国に保護を求め、その代わりその国に服従することを意味する。

日本は現状、シュミットの言う意味で可能性としての戦争を放棄し、アメリカの衛星国となってその保護下にある。したがって、「政治的存在」ではないと言われる。果たしてそのような状態が、我々日本国民の望むものであるのか。国民一人一人がよく考えていくべきことである。

自己決定権のある真の主権国家であるとは、シュミットの言う政治的存在である。そういう国家は、可能性としての戦争を前提としている。すなわち戦争の可能性が常に存在していることを認識しつつ、緊張感をもって慎重に行動しなければならない。この緊張感と慎重さ、そしてバランス感覚。こうした行動原則が「主権国家」の国際政治にとって必要な規範なのだ。**「規範」と「可能性としての戦争のリスク」こそが、心理的抑制をもたらし、抑制的均衡や協調的均衡を可能にする**ものだからである。

日本がアメリカの衛星国という立場でありながら、アメリカの軍事力の威の下で周辺国との協調的均衡のための外交努力を怠り、いたずらに軍備増強策や強硬姿勢を取るならば、それは間違いなく国を誤る原因となろう。

抑制的で協調的な均衡の上に達成される平和は、可能性としての戦争のリスクを前に、粛々たる外交努力によってかろうじて維持され得る楼閣(ろうかく)のようなものだ。これは、平和というものが幻想だという意味ではない。そうではなく、平和とは脆く儚(はかな)いものであり、そうであるがゆえに大変に貴重なものであるという意味である。

人類の長い歴史を振り返れば、平和より戦争の方が身近なものだったと言えるだろう。平和とは恒常的な戦争状態における束の間の休息のようなものだ。この平和は地政空間における不均衡がもたらす戦争によって、明日にも破られるかもしれない。それでも人間の可能性に絶望することなく、戦争を終結させ、地政空間に新たな均衡を成立させるべく、外交的な努力を積み重ねていく。それが戦争と平和の問題に関する考察が指し示す、我々の指針のように思われる。

おわりに——「現実感覚」による外交

「はじめに」では、いまこそ「戦争と平和」について考えることが必要だと述べた。そのような大きなテーマを論じるには、本書はあまりにも小さく、私の力は遠く及ばない。しかし、この問題は人間の歴史を通じて問われてきたものだし、これからも問われ続けるものと思う。

ロシアによるウクライナ侵攻の勃発から一年が経過した。この本を書き進めながら、大国同士の「政治的英知」による解決がなされないかと、儚い期待を抱き続けていたが、まだその兆候は見えない。

こうした現下の国際情勢を問題意識に持ちつつ、本書では、前著『地政学と歴史で読み解くロシアの行動原理』に続いて、地政空間という概念を使い、日本を含む極東における政治力学を考察してきた。国際政治は多様なアクターの不透明な意図にはじまり、文化から経済、軍事力まで多層的な要素が複雑に絡み合うため、たとえ過去のことであったとしても、正確に跡づけることは簡単なことではない。現在進行形の事態であればなおさらである。

だからこそ、単純化したモデルを使って解釈することがある程度は必要となる。しかし、あまりに構図を単純化してしまうと、現実を取りこぼしてしまう。したがって、そのバランスが重要である。私は、そもそも現実とは理論的に汲み尽くせるようなものではないと考えている。

もし本書の記述に、明快さに欠け、複雑でわかりにくいところがあるとすれば、それはもちろん私の力不足である。しかし、それに加えて、国際政治というものをあまりに単純明快に切り取ってしまうことに対して、私自身が本質的に疑念を抱いているからでもあるだろう。

その意味では、本書の基本的な分析枠組みとした地政空間という概念も暫定的なモデルに過ぎず、現実を理解する枠組みとして妥当するか否かを常に検証し続けなければならない。

『戦争と平和』という小説を書いたトルストイの歴史観によれば、人間の多様な行動の可能性や、自然との相互作用を形成している因果関係の網の目は広大で多面的であり、いかなる理論をも当てはめることができない。

帝政ロシア出身の政治哲学者であるアイザイア・バーリンは、トルストイの歴史哲学を論じた『ハリネズミと狐』という論考の中で、トルストイの「懐疑的リアリズム」についてこう書いている。

何にもまして、秩序が存在しているはずだということを絶望的に信じることを唯一の頼りに秩序を知覚したと称することは、いかに図々しいナンセンスであることか。人間はそれを知らないでいる。現実に人が知覚しているのは、無意味な混沌である――この混沌の高度の形態、人生の無秩序さを高度に反映している小宇宙、それが戦争であった。

このように、もしも秩序の存在を信じることさえナンセンスであるならば、秩序を構築しようという努力など、一層絶望的なナンセンスということになるのだろうか。

その一方で、トルストイはそうした混沌とした現実の裏側には、広大な統一的全体性があって、すべてを普遍的に説明できる単一の包括的ヴィジョンが存在していることを信じていたという。

トルストイの歴史哲学で強調されるのは、現実の流れの中で、変更できないもの、不可避なものを察知する特別な感受性を持ち、それを無理に変更しようとするのではなく、むしろそれに適応して生きていく能力の重要性である。バーリンはそうした感受性や能力のことを「洞察力」「知恵」「賢明さ」「現実感覚」と呼んでいる。

果たしてトルストイが信じたように、人間の歴史の背後に、人間の認識・能力を超えた力が不可避的に作用しているのかどうか、私にはわからない。しかし「合理性」や、自分に都合よく作られた「理論」に頼ってものごとを判断するのではなく、決して汲み尽くすことのできない歴史と現実の声に耳を傾ける感受性を持ち、現実感覚でもって平和と秩序を不断に求めていくことの重要性は感じている。

本書を書き進められたのは、NHK出版の田中遼氏から、その都度いただいた原稿に対する真摯な感想と激励に励まされたおかげである。この場を借りて改めて謝意を表したい。また、仕事に家事に子育てに八面六臂の活躍で本書の執筆を支えてくれた妻に、特別の感謝を込めて本書を捧げたい。

二〇二三年四月

亀山陽司

注

＊1 ＡＢＭ条約（Anti-Ballistic Missile Treaty）は、米ソ間で１９７２年5月締結、同年10月に発効した条約であり、戦略弾道ミサイルを迎撃するミサイル・システムの開発、配備を厳しく制限し、配備は各国とも１か所（米国はノース・ダコタ州のＩＣＢＭ基地、ソ連は首都モスクワに限定）、１基地当たりの発射基及び迎撃ミサイルを１００基以下とすること等を規定するもの。このＡＢＭ条約は、いわば双方の「楯」を制限し、防御態勢を敢えて脆弱なものに保つことにより核攻撃を相互に抑止しようとする、いわゆる「相互確証破壊」（MAD: Mutual Assured Destruction）の考え方の基礎をなすもの。　しかしながら、２００１年12月13日、冷戦時代の敵対的な米露関係に決別し、大量破壊兵器や弾道ミサイルの拡散といった脅威に効果的に対処するため、ミサイル防衛の推進を意図したブッシュ大統領は、ＡＢＭ条約から脱退する旨を露に対して正式に通告した。これに対してプーチン大統領は、米国による措置が予想外のことではなかったこと、かかる決定は「間違い」であるとしつつも、ロシアの安全保障にとり脅威とはならないとする旨を述べ、抑制的な反応を示した。さらにプーチン大統領は、戦略攻撃兵器の弾頭数を１５００〜２２００発の水準まで削減することに関しても、米露間の合意を目指していく考えを明らかにした。ＡＢＭ条約は、締約国の脱退6か月前における通知を義務づけており、米国は２００２年6月13日に同条約から正式脱退した。（以上、外務省ＨＰ「ＡＢＭ条約」〈平成14年11月1日付〉を一部改変）

＊2 中距離核戦力全廃条約は１９８７年12月8日に米ソ間で調印された。条約は１９８８年6月1日に発効。

この条約は射程500〜5500キロメートルまでの範囲の核弾頭、及び通常弾頭を搭載した地上発射型の弾道ミサイルと巡航ミサイルを廃棄することを求めている。この条約によって、条約が定める期限(1991年6月1日)までに合計で2692基の兵器が破壊された(内訳はアメリカ合衆国が846基、ソヴィエト連邦が1846基)。またこの条約の下で双方の国家は、互いの軍隊の装備の査察を許された。アメリカは2019年2月、ロシアに対し条約破棄を通告し、これを受けてロシア連邦も条約義務履行の停止を宣言した。

＊3　これは、万民の万民に対する闘争という自然状態を脱却するために人々が自らの自然権(自己保存のための実力行使)を唯一の主権者にゆだねることで秩序が実現される、というホッブズの社会契約の考え方とは根本的に異なる考え方である。スピノザは、各人は「共同の権利」が認める権利しか有しておらず、「共同の意志」が命じることを遂行するよう強制されるという。この「共同の権利」とは「多数者の力によって規定される権利」のことであり、これを統治権(Imperium)と呼んでいる。(『国家論』第二章)

＊4　クリミアは1921年にクリミア自治ソヴィエト社会主義共和国としてソ連を構成する国の一つとなったが、1954年にウクライナ・ソヴィエト社会主義共和国に編入された。

＊5　ダーダネルス海峡は黒海と地中海を結ぶ海峡で、ロシアはダーダネルス海峡の自由な航行権を獲得して地中海に進出したいと考えていたが、イギリスなどはそれを阻止しようとしていた。

＊6　清朝末期の政治家。曾国藩(そこくはん)・李鴻章・左宗棠(さそうとう)を含めて四大名臣とも並び称される。

＊7　我が国と密接な関係にある他国に対する武力攻撃が発生し、これにより我が国の存立が脅かされ、国民の生命、自由及び幸福追求の権利が根底から覆される明白な危険がある事態(「事態対処法」第二条第四号)

主な参考文献

麻田雅文『日露近代史』(講談社現代新書)
麻田雅文『シベリア出兵——近代日本の忘れられた七年戦争』(中公新書)
石原莞爾『世界最終戦争　増補版』毎日ワンズ
石橋湛山『石橋湛山評論集』(岩波文庫)
井上清『日本の歴史〈20〉明治維新』(中公文庫)
色川大吉『日本の歴史〈21〉近代国家の出発』(中公文庫)
閻立「20世紀初頭の中国における不平等条約改正への始動と対外交渉」(『大阪経大論集』第66巻第2号)
大江志乃夫『日本の参謀本部』(中公新書)
岡崎久彦『陸奥宗光とその時代』(ＰＨＰ文庫)
岡崎久彦『小村寿太郎とその時代』(ＰＨＰ文庫)
岡崎久彦『幣原喜重郎とその時代』(ＰＨＰ文庫)
加藤陽子『日本近現代史⑤満州事変から日中戦争へ——シリーズ 日本近現代史⑤』(岩波新書)
加藤陽子『それでも、日本人は「戦争」を選んだ』(新潮文庫)
加藤陽子『戦争の日本近現代史——東大式レッスン！ 征韓論から太平洋戦争まで』(講談社現代新書)
亀山陽司『地政学と歴史で読み解くロシアの行動原理』(ＰＨＰ新書)

川田稔『戦前日本の安全保障』（講談社現代新書）
カント『永遠平和のために』（岩波文庫）
外務省外交史料館『日本外交文書』
北岡伸一『日本の近代〈5〉政党から軍部へ』（中公文庫）
北岡伸一『日本政治史――外交と権力』（有斐閣）
北岡伸一編集・解説『戦後日本外交論集』（中央公論社）
ヘンリー・A・キッシンジャー『外交』上・下（日本経済新聞出版）
ロバート・ギルピン『覇権国の交代――戦争と変動の国際政治学』（勁草書房）
黒野耐『日本を滅ぼした国防方針』（文春新書）
カール・シュミット「政治的なるものの概念」（『政治の本質』、中公文庫所収）
ニコラス・スパイクマン『米国を巡る地政学と戦略――スパイクマンの勢力均衡論』（芙蓉書房出版）
スピノザ『国家論』（岩波文庫）
田中明彦『20世紀の日本② 安全保障――戦後50年の模索』（読売新聞社）
ジョセフ・ナイ・ジュニア『国際紛争 理論と歴史』（有斐閣）
中沢志保「スティムソン・ドクトリンと1930年代初頭のアメリカ外交」（『文化女子大学紀要 人文・社会科学研究』2011-01）
中嶋啓雄「モンロー・ドクトリン、アジア・モンロー主義と日米の国際秩序観」（『アメリカ研究』49巻、2015）

中西輝政『覇権からみた世界史の教訓』（ＰＨＰ文庫）
ヨラム・ハゾニー『ナショナリズムの美徳』（東洋経済新報社）
秦郁彦「明治期以降における日米太平洋戦略の変遷」（『国際政治』1968巻37号）
バーリン『ハリネズミと狐――「戦争と平和」の歴史哲学』（岩波文庫）
トマス・ホッブズ『リヴァイアサン』上・下（ちくま学芸文庫）
松本和久「初期満ソ国境紛争の発生と展開（１９３５―１９３７）」（『境界研究』№８、２０１８）
松本俊一『日ソ国交回復秘録　北方領土交渉の真実』（朝日新聞出版）
丸山眞男「開国」（『忠誠と反逆』、ちくま学芸文庫所収）
宮田昌明『満州事変――「侵略」論を越えて世界的視野から考える』（ＰＨＰ新書）
ハンス・モーゲンソー『国際政治』上・中・下（岩波文庫）
山室信一『日露戦争の世紀――連鎖視点から見る日本と世界』（岩波新書）
横手慎二『日露戦争史――世紀最初の大国間戦争』（中公新書）
ジョン・ロールズ『万民の法』（岩波現代文庫）
ジョン・ロールズ『ロールズ　政治哲学史講義Ⅰ』（岩波現代文庫）
渡辺昇一解説・編『全文リットン報告書』（ビジネス社）
和田春樹『北方領土問題――歴史と未来』（朝日選書）

校閲　円水社
図版作成　平凡社地図出版
DTP　角谷 剛

亀山陽司 かめやま・ようじ
1980年生まれ。
2004年、東京大学教養学部基礎科学科科学史・科学哲学コース卒業。
2006年、東京大学大学院総合文化研究科地域文化研究専攻修了。
外務省入省後ロシア課に勤務し、ユジノサハリンスク総領事館、
在ロシア日本大使館、ロシア課、中・東欧課などで、
10年以上にわたりロシア外交に携わる。
2020年に退職し、現在は林業のかたわら執筆活動に従事する。
日本哲学会、日本現象学会会員。気象予報士。北海道在住。
著書に『地政学と歴史で読み解くロシアの行動原理』(PHP新書)がある。

NHK出版新書 699

ロシアの眼から見た日本
国防の条件を問いなおす

2023年5月10日　第1刷発行

著者 亀山陽司 ©2023 Kameyama Youji
発行者 土井成紀
発行所 NHK出版
〒150-0042 東京都渋谷区宇田川町10-3
電話 (0570) 009-321(問い合わせ) (0570) 000-321(注文)
https://www.nhk-book.co.jp (ホームページ)

ブックデザイン albireo
印刷 新藤慶昌堂・近代美術
製本 藤田製本

Printed in Japan ISBN978-4-14-088699-1 C0231

NHK出版新書好評既刊

禁断の進化史
人類は本当に「賢い」のか
更科功
知能の高さと生物の繁栄は直結しているのか? なぜ知能だけでなく、意識が進化したのか? ベストセラー生物学者が、人類史最大の謎に迫る。
689

ゼロからの『資本論』
斎藤幸平
あの難解な『資本論』が誰にでも分かるようになる! 話題の俊英がマルクスとともに〝資本主義後〟の世界を展望する、究極の『資本論』入門書。
690

ウィーン・フィルの哲学
至高の楽団はなぜ経営母体を持たないのか
渋谷ゆう子
奏者は全員個人事業主! ハプスブルク家の治世から、彼らはいかに後ろ盾なしで伝統を守ってきたのか。歴史を辿り、楽団員への取材から明かす。
691

徹底討論!
問われる宗教と〝カルト〟
島薗進 釈徹宗
若松英輔 櫻井義秀
川島堅二 小原克博
人を救うはずの宗教。〝カルト〟との境界はどこにあるのか。第一線にいる研究者・宗教者6人が、宗教リテラシーを身に付ける道筋を照らす。
692

モチベーション脳
「やる気」が起きるメカニズム
大黒達也
意識的な思考・行動を変えるには、無意識の「脳のやる気」を高めることが重要だ。脳が「飽きない」ための仕組みを気鋭の脳神経科学者が解説。
693

早期教育に惑わされない!
子どものサバイバル英語勉強術
関正生
早期英語教育の誤解を正し、お金と時間をかけずに子どもの英語力を伸ばすコツを伝授。700万人を教えたカリスマ講師による待望の指南書!
694

NHK出版新書好評既刊

道をひらく言葉
昭和・平成を生き抜いた22人
NHK「あの人に会いたい」制作班
先達が残した珠玉の言葉が、明日への活力、生きるヒントとなる。不安の時代を生きる私たちの背中をそっと押してくれる名言、至言と出合う。
695

牧野富太郎の植物学
田中伸幸
牧野富太郎の研究、普及活動の真価とは？　NHK連続テレビ小説「らんまん」の植物監修者が、「天才植物学者」の業績をわかりやすく解説する。
696

小説で読みとく古代史
神武東遷、大悪の王、最後の女帝まで
周防柳
清張は、梅原は、黒岩重吾や永井路子は、こう考えた――。気鋭の作家が、先達の新説・異説を踏まえて「あの謎」に迫る、スリリングな古代史入門書。
697

英文読解を極める
「上級者の思考」を手に入れる5つのステップ
北村一真
上級者の思考プロセスに着目し、文構造の把握や語彙増強の方法、自然な訳し方までを解説。多様なジャンルに対応する読解力を身につける。
698

ロシアの眼から見た日本
国防の条件を問いなおす
亀山陽司
急変する東アジア情勢の中で、地域の安定を生み出すために必要な国防の論理とリアリズムとは？元駐露外交官が日露関係史から解き明かす。
699